# LE REVE DE SA

# 法國料理基礎篇 II

法國藍帶廚藝學院

# SOMMAIRE

# 搭配容易的基本餐後甜點 (dessert) *75*

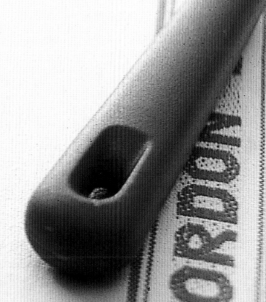

# *91*　法國料理的基本技巧

歡迎來到法國藍帶廚藝學院的料理世界

法國藍帶廚藝學院「莎賓娜的夢」系列食譜頗受好評，而第4冊「法國藍帶廚藝學院的法國料理基礎篇 II 」也終於出刊了。

本書是繼「莎賓娜的夢」系列食譜第1冊「法國藍帶廚藝學院的法國料理基礎篇 I」之後所作的第2波企劃。為您介紹的料理，與其說是傳統的法國料理，倒不如說是既保存了傳統，又符合當代，隨著時代而不斷改變的法國料理。本書以法國藍帶廚藝學院「烹調時按步就班，絕不省略任何步驟」的基本精神為架構的宗旨，將基本的料理技巧，透過簡單易懂的解說，配合示範照片，讓初學者能夠輕易地學會，也能讓美食愛好者能夠享受到自己作法國料理的樂趣。

第1冊中也曾經提到，不只限於做法國料理，凡是在料理食物時，最重要的不外乎是以下列舉的幾項準則。

1、練習（練習做4~8人份，成功率最高）

2、材料的使用與素材的品質。

3、具備紮實的知識和基礎。

4、 料理者對料理的敏銳度。

懂得如何處理素材，將菜餚的美味發揮到極至，習得料理的
基本知識和技巧，是作出好料理的重要訣竅。

本書基本上和第1冊相同，透過各個步驟的示範照片，為您
介紹所有的前菜、湯、魚的料理、肉的料理、甜點的作法，
以及製作技巧，不過，在內容上，增加了更多的食譜，變得
更為充實，在基本技巧上，除了第1冊未介紹的魚、肉、蔬
菜等在烹調前的處理方式，更詳細說明醬汁的作法，並再次
介紹第1冊已刊載過的高湯烹調方法，以便在作料理時能夠
隨時運用。至於蔬菜的切法，在第1冊已介紹過，請自行參
考，若能和本書一起合併使用，就更完美了。

這一系列以「莎賓娜的夢」為名的食譜，其名稱原是取自於奧黛麗
赫本主演的電影「龍鳳配」。電影中描寫劇中的女主角莎賓娜，為
了平復失戀的傷痛，而前往巴黎，進入當地的料理學校就讀。在
巴黎的期間，莎賓娜不僅在料理技巧上有了進步，更接受了環境
的薰陶，蛻變成一位高雅的淑女，可以說是一齣現代版的「灰姑
娘」物語。劇中，奧黛麗赫本飾演的莎賓娜所就讀的學校，正是號
稱「全世界最具權威的法國料理學校」的法國藍帶廚藝學院(LE
CORDON BLEU)。它不僅以法國料理學校聞名於世，而且培育

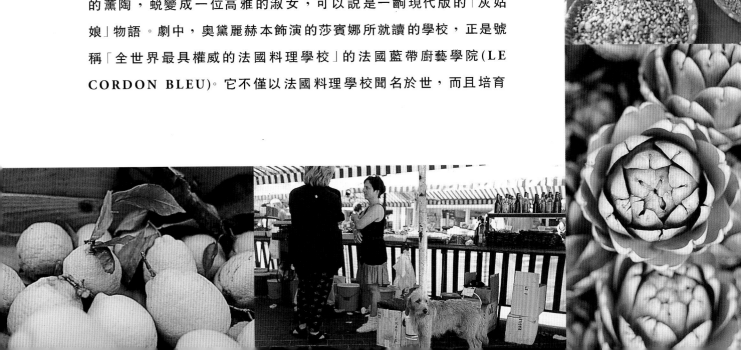

出許多專業的料理大師，還有包括準新娘、粉領族，以及電影明星、著名女星、各界名人子弟、甚至王室相關人仕等許多人，都是法國藍帶廚藝學院的在學生，可謂是優秀人材輩出的世界料理名校。

在此，我們就先來談談學校名稱的由來吧！「法國藍帶廚藝學院」這個名稱，可以追溯到16世紀。西元1578年，當時的法皇亨利3世，編組了一支聖靈騎士隊，這支包括了皇族成員在內，享有法國最高榮譽的騎士隊所有成員，都會配戴繫上了藍絲緞帶的十字架，因此而被稱為「藍帶」。他們在嚴格的聚會之餘，總會享用富麗堂皇的豪華晚餐，甚至成為流傳後世的佳話，隨著時代的變遷，「藍帶」就成了絕頂美食的代名詞了。 〝Vous êtes un vrai Cordon Bleu〞（你真的是貨真價實的藍帶啊！）這句話，即是當今法國人在品嘗到絕佳美味時，賦與料理者至高無上的推崇。

相信本書一定可以成為許許多多愛好美食，或欲成為專業廚師的讀者，手邊最常翻閱的一本食譜。

在特別的時刻，招待重要的貴賓，或想要在一成不變的餐

桌上，為家人帶來意外的驚喜時，更要請您善加利用本書。
另外附帶一提，在您使用這本食譜之餘，若是有興趣做更進
一步的鑽研，法國藍帶廚藝學院除了本校設在巴黎外，更於
1991年在東京代官山設立了東京分校，由法國一流名廚為
教授陣容，展開嚴格而又學習氣氛愉快的料理課程。

最後，要為您介紹的是在本書中所使用的餐具或桌巾，是由
法國鄉村風格的名牌「PIERRE DEUX FRENCH
COUNTRY」所提供贊助的。「PIERRE DEUX FRENCH
COUNTRY」除了位在紐約的總店之外，分別在波斯頓、亞
特蘭大、棕櫚灘、舊金山、達拉斯、芝加哥，以及比佛利山
(BEVERLY HILLS RODEO DRIVE) 等全美主要大城市
開設分店，並在東京的惠比壽設有精品店。

「PIERRE DEUX FRENCH COUNTRY」的品牌是以法
國鄉村風格為設計的主題，將法國風味的優雅氣息引進了美
國，有布料、桌布、家具、裝飾品等室內用品中以吸引顧
客。希望這本由美麗的法國鄉村風格餐桌擺設和精製的料理
所構成的食譜，有幸能夠成為所有法國料理愛好者的入門
書，並帶您進入法國文化和傳統的世界中。

法國料理在料理的構成上，有其基本要件。首先，最具代表性的就是醬汁。較為人所知的有白色醬汁(sauces blanches)，多用於魚、焗烤、舒芙雷、雞肉的料理上，偶爾也用於小牛肉的料理上。運用範圍最廣的則是褐色醬汁(sauces brunes)，多用於紅肉、鴨肉、小羊肉，或內臟料理上。另外還有以美乃滋為代表的乳狀醬汁(sauces émulsionnées)，也是基本的醬汁之一。美奶滋屬於冷式醬汁類，而荷蘭醬汁(sauce hollandaise)、貝阿奈滋調味汁(sauce béarnaise)、華悠醬汁(sauce foyot)、修闊醬汁(sauce choron)等，則一般當作溫式醬汁來使用。

# 基本技巧與應用範例

其次，就是用來作為填充時所  用的「餡」(farce)，和「慕斯」(mousse)。它的種類相當多，「餡」一般是使用可調節孔徑大小的絞碎機作成大小不同的食材，再混合蛋、麵包粉等而作成。絞得粗一點，可用來作肉凍派(pâté)、細肉凍派(terrine)，或包在派裡的餡。若是放進食物處理機打碎，再用細孔濾網過濾，就可作成柔細的糊狀，稱為「慕斯」，例如常被利用來處理整條魚的肉凍 (galantine) ，或巴法華滋 (bavarois)、芙濃 (flan)等等。將基本的醬汁、配合用在主菜的餡或慕斯便可以作成各種不同的組合，使料理更有發展的空間。

本書中為您介紹的食譜架構，特別組合成菜單式，除了應用各個主題的前菜或主菜之外，另加上一道適合搭配的菜餚。挑選種類豐富的各式菜餚，讓您更能夠深入地了解法國料理。另外，在本書製作解說篇幅中所出現的les ingrédients pour 4 personnes意指4人份的材料，finition是指最後裝飾，commentaires是注釋之意，page32是指參考第32頁。

# GRATINÉE À L'OIGNON
## 焗烤乳酪絲配洋蔥濃湯

SOLE NORMANDE

諾曼第式燒鰨魚

# GRATINÉE À L'OIGNON
## 焗烤乳酪絲配洋蔥濃湯

這是種很常見的湯。洋蔥在經過長時間的文炒後,就會使洋蔥獨有的香氣充分溢發。在湯擺上烤過的麵包和滿滿的乳酪絲,再烤得脆脆的,就可以趁熱喝了。

*Les ingrédients*
*pour*
*8 personnes*
8人份

| | |
|---|---|
| 洋蔥 | 3個 |
| 奶油 | 15g |
| 低筋麵粉 | 15g |
| 雞高湯page105 | 2公升 |
| 波特酒 (porto) | 20cc |
| 鹽、胡椒 | 各適量 |

法國麵包 (5 mm厚) 24片
格律耶爾乳酪 (Gruyère) 適量

**1** 洋蔥先對半切,再切成薄片。

**2** 用兩手將洋蔥剝開弄散。

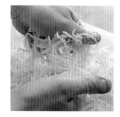

**3** 將奶油放入鍋內融化,用中火炒洋蔥。

**4** 待洋蔥炒軟後,就加鹽、胡椒。

**5** 繼續炒到洋蔥變軟,呈褐色,但記得不要炒焦了。

**6** 從爐上移開,加入低筋麵粉混合。

**7** 用大火加熱,倒入雞高湯,用木杓刮鍋底,讓附著在上面的洋蔥汁可以一起混合,增添美味。

**8** 撈掉浮沫,加入波特酒、鹽、胡椒調味,繼續煮。

**9** 煮好後,將**8**分別倒入湯碗裡,各放3片切成5 mm厚烤過的麵包上去。

**10** 上面撒滿格律耶爾乳酪,放進蠑螈爐(salamandre,專用上火烤爐),將表面烤成黃色。若是沒有蠑螈爐,用家用烤箱的上火烤也可以。

# SOLE NORMANDE
## 諾曼第式燒鰨魚

這是一道使用大量鮮奶油，這種具有濃厚諾曼第地方料理特色的素材，再加上7種裝飾配菜所組成的古典風味的地方料理。

*Les ingrédients*
*pour*
4 *personnes*
4 人份

鰨魚 (300g)　4 條
┌ 韭蔥　30g
**A** 洋蔥　1/4 個
└ 紅蔥頭　3 個
調味辛香草束 (**bouquet garni**)
　 1 束
白酒　200 cc
魚高湯→**page** *107*　300 cc
鹽、胡椒　各適量

裝飾配菜：
貽貝 (淡菜)　250 g
牡蠣　4 個
小螯蝦　4 隻
蝦　250 g
香魚　8 條
蘑菇　4 個
吐司　4 片
白酒 (**vin blanc sec**)　100 cc
黃檸檬汁　1/2 個
奶油　70 g
鹽、胡椒　各適量
炸油　適量

炸皮
低筋麵粉　30 g
蛋液　1 個
沙拉油、鹽、胡椒　各少許
麵包粉　50 g

醬汁 (完成時用)：
鮮奶油　300 cc
蛋黃　3 個
奶油　20 g
鹽、白胡椒　各適量

松露 (**truffe**)(圓切片，裝飾
用)　4 片
義大利巴西里 (**persil plat**)
(裝飾用)　適量

**f i n i t i o n**（最後裝飾）：
■ 鰨魚在裝盤前，先用刀尖將邊緣部分剝除，將朝上的魚身從中央向左右切開，取出中間的魚刺後，再將肉片放回上面，恢復原狀，盛到盤中。

**1** 參考 page *95*，處理鰨魚。在托盤中塗上奶油 (未列入材料表)，撒上鹽、胡椒，將鰨魚排列在上面。

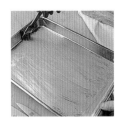

**2** **A** 的材料切成 2mm 的小骰子狀→**page** *32*，放入 **1** 裡，倒入白酒和魚高湯。

**3** 將 **2** 直接放在火上煮到沸騰，再蓋上塗了奶油 (未列入材料表) 的鋁箔紙，放進烤箱以 200℃烤約10分鐘。

**4** 貽貝清理乾淨，放進湯鍋內，倒入白酒燜煮，等貽貝打開後，就取出。撥下貝肉，去掉黑色貝唇。湯汁留著備用。

**5** 牡蠣放進 **4** 的湯汁內煮，去掉黑色貝唇。然後，將湯汁過濾，留下備用。

**6** 參考第 *95* 頁處理小螯蝦，再放進熱水中煮。蝦子留下頭的部分，撥掉身體部分的殼，取出沙腸，用 20 g 的奶油快炒一下，再加入鹽、胡椒。

**7** 用低筋麵粉沾滿香魚，再彈掉多餘的麵粉。將沙拉油、鹽、胡椒加入蛋液混合。再將香魚依序沾上蛋汁、麵包粉，作成包裹在外面的炸皮，用 180℃的熱油炸。

**8** 用料理用小刀將蘑菇刻花，放進鍋內，加入剛好可以淹沒高度的水，再加入黃檸檬汁、50 g 的奶油、少許的鹽，蓋上紙蓋，加熱。

**9** 吐司切成 N 字形 (意味著諾曼第 **normande**)，塗上澄清奶油 (未列入材料表)，放進烤箱內烤。

**10** 將 **5** 的湯汁倒入鍋內，放進調味辛香草束，倒入 **3** 煮鰨魚的湯汁一起熬煮。再加入鮮奶油 (留下少許) 繼續熬煮，然後過濾。

**11** 加入鹽、胡椒調味，再加入 20 g 的奶油→**page** *24* 增加濃度。最後，混合蛋液和鮮奶油，再加入湯裡。

**12** 等湯變濃後，就從爐火移開，再次過濾。將鰨魚裝入器皿中，淋上醬汁，再放入 **4~9**，用松露、義大利巴西里作裝飾。

# CRÈME DU BARRY

## 勒巴理夫人花椰菜奶油濃湯

# FRICASSÉE DE THON, À LA BOURGUIGNONNE

## 勃艮第式紅酒燴鮪魚

# CRÈME DU BARRY
# 勒巴理夫人花椰菜奶油濃湯

這是一道曾被獻給路易15世的情人勒巴理伯爵夫人的佳餚。據説它正是以此為路易15世最愛的花椰菜料理命名。

*Les ingrédients*
*pour*
8 *personnes*
8人份

小牛骨　500g
韭蔥 (切絲)　250g
花椰菜　500g
奶油　100g
低筋麵粉　100g
蛋黃　6個
鮮奶油　200cc
調味辛香草束 (bouquet garni)
　1束
粗鹽　適量
鹽、胡椒　各適量

裝飾配菜：
花椰菜　150g

香葉芹　適量

**1** 鍋內放滿水，將小牛骨放進去煮。

**2** 將奶油放入平底鍋內融化，韭蔥絲放進去炒，注意不要炒焦了。

**3** 炒到變軟後，撒入低筋麵粉，再炒一下。

**4** 將1.5公升的水和粗鹽放進 **3** 的鍋內，煮到沸騰。

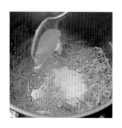

**5** 花椰菜切成花球狀，放進 **4** 裡，再放進調味辛香草束。

**6** 撈掉浮在 **1** 鍋面上的油脂及浮渣。

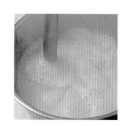

**7** 將 **6** 的牛骨放進 **5** 的鍋內，煮40分鐘。

**8** 將 **7** 鍋內的牛骨和調味辛香草束取出，用手持式電動攪拌器攪拌成奶油狀。

**9** 用細孔過濾器過濾 **8**，倒入鍋內，再次加熱，用鹽、胡椒重新調味，蛋液和鮮奶油混合後，倒入鍋中混合，增加湯的濃度，然後再次過濾。

**10** 將另外的花椰菜切成小花球狀，用水汆燙，再撈起放進冰水裡過涼。然後，將水瀝乾，加在湯裡，再用香葉芹裝飾。

# FRICASSÉE DE THON, À LA BOURGUIGNONNE
## 勃艮第式紅酒燴鮪魚

這是一道使用大量紅酒來做魚的料理。脂肪含量較少的鮪魚紅肉部份，因紅酒的香醇而變得更有味道。

*Les ingrédients*
*pour*
6 *personnes*
6 人份

鮪魚紅肉　2 kg
紅蘿蔔　1 條
洋蔥　1 個
芹菜、韭蔥　各1根
大蒜　2 瓣
調味辛香草束 (bouquet garni)　1 束
濃縮蕃茄醬　1 大匙
低筋麵粉　1 大匙
紅酒　1 瓶 (750 cc)
柳橙皮切絲　1個的份量
小牛高湯→page 106　300 cc
高湯膏 (glace de viande)　3 大匙
鹽、胡椒　各適量
奶油　20 g
沙拉油　2~3 大匙

裝飾配菜：
小洋蔥　150 g
A ┌ 鹽、胡椒　各適量
　│ 奶油　20 g
　│ 水　適量
　└ 砂糖　2 大匙
蘑菇　200 g
培根 (切成1cm的棒狀)　150 g
奶油　30 g
鹽、胡椒　各適量

油炸吐司片：
吐司 (薄片)　3 片
澄清奶油　適量
巴西里 (切碎)　少許

巴西里 (切碎)　適量

commentaires(注釋)：
■高湯膏
　〔glace de viande〕
將澄清高湯 (在此為小牛高湯) 濃縮後，
再熬成膏狀。

finition(最後裝飾)：
■裝到鍋內，用油炸吐司片裝飾，再撒些
切碎的巴西里，就完成了。

**1** 紅蘿蔔、洋蔥、芹菜、韭蔥切成2 mm的小骰子狀→**page** *32*，混合備用。大蒜切碎。

**2** 將適量的奶油 (未列入材料表) 放進鍋內融化。將**1**充分炒後，放進調味辛香草束，依續加入濃縮蕃茄醬、低筋麵粉，再炒熟。

**3** 倒入紅酒熬煮。撈掉浮沫，加入切成長約4~5 cm的柳橙皮絲→**page** *32*。

**4** 煮到開始起細小的泡沫後，加入小牛高湯膏，改用小火煮，不斷撈掉浮沫，繼續熬20~25分鐘。

**5** 鮪魚肉切成一塊約40 g重，邊長3~4 cm大小的方塊。在拖盤內撒鹽、胡椒，再將鮪魚塊放進去調味。

**6** 平底鍋內放奶油20 g和沙拉油，用大火熱鍋，再將**5**的鮪魚塊表面煎熟，再移到其他的鍋子裡，置旁。

**7** 將小洋蔥放進另一個鍋內，加入A的材料 (倒入洋蔥一半高度的水)，蓋上抹奶油的烤盤紙，點火加熱，煮到表面出現光澤→**page** *111*。

**8** 蘑菇縱切成四等份，加入20 g的奶油炒，再加鹽、胡椒。培根先用水燙過，再用10 g的奶油煎。然後放進濾網內，濾掉多餘的油脂。

**9** 製作油炸吐司片。先將吐司對半斜切成三角形，再切掉多餘的部分，切成心形。

**10** 將澄清奶油放入平底鍋內，把**9**的兩面煎成金黃色，再放到廚房用紙巾上，將油瀝乾。在炸麵包的尖端沾上切碎的巴西里。

**11** 過濾**4**的湯汁，倒入裝著鮪魚塊的鍋內，再度加熱。用鹽、胡椒重新調味，邊煮邊將鮪魚塊翻面。

**12** 等到**7**的小洋蔥煮到水分乾掉變軟，就搖晃鍋子，繼續煎到變成茶褐色後，和**8**一起倒入**11**的鍋內。

# VELOUTÉ BILLY-BY

比利拜式貽貝濃湯

# CÔTES DE PORC CHAMPVALLON

香巴濃式煨豬排

# VELOUTÉ BILLY-BY
## 比利拜式貽貝濃湯

據說這道湯是美心餐廳 (Maxim's de Paris) 的主廚特地為了一位喜愛貽貝 (淡菜)，名叫「比利」的常客所做的湯。

*Les ingrédients*
*pour*
8 *personnes*
8 人份

貽貝 (淡菜)　2 kg
芹菜　1 枝
紅蔥頭　4 個
巴西里 (切碎)　2 大匙
大蒜　2 瓣
白胡椒　1 小撮
奶油　50 g
白酒　300 cc
番紅花　適量
鮮奶油　500 cc

勾芡 (liaison)：
低筋麵粉　15 g
奶油　15 g
蛋黃　2 個
鮮奶油　50 cc
鹽、胡椒　各適量

乳酪酥餅：
折疊麵糰→page 103：
低筋麵粉、高筋麵粉　各 125 g
水　125 cc
融化奶油　25 g
鹽　5 g
奶油　150 g

格律耶爾乳酪 (Gruyère)　50 g
蛋黃　1 個

裝飾：
鮮奶油　適量
巴西里 (切碎)　適量

**finition**（最後裝飾）：
■湯盛到器皿裡後，再用鮮奶油裝飾，撒上切碎的巴西里。乳酪酥餅用其他的容器盛裝，就可端上桌了。

**commentaires**（注釋）：
■參考 page 103 製作折疊麵糰，若能預先做好搭配著吃的乳酪酥餅 (步驟**10~12**) 更好。

**1** 芹菜切成 2 mm 的小骰子狀→page 32，紅蔥頭、荷葉芹切碎，大蒜、白胡椒壓碎。

**2** 奶油放進鍋內融化，再將**1**的香料蔬菜放進去炒。

**3** 貽貝殼表面清乾淨後，加入**2**裡，倒進白酒，蓋上鍋蓋燜煮。

**4** 煮到貽貝開口後，用濾網撈起，再將貝肉取出，去掉黑色的貝唇。湯汁倒回鍋內。

**5** 將番紅花、鮮奶油放進**4**的湯汁裡一起熬煮。

**6** 將增加濃度用的低筋麵粉、奶油放入容器內混合，製作勾芡用奶油糊 (beurre manié)。

**7** 將**6**一點點地加進**5**裡，使湯變得濃稠。

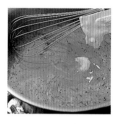

**8** 等到**7**變稠後，再加入鹽、胡椒調味，然後過濾，倒入鍋內。

**9** 加熱**8**的湯鍋，加入預先混合好的蛋黃和鮮奶油，等到變得濃稠後，就從爐上移開，將**4**的貽貝放進去。

**10** 將折疊麵糰擀開成 2~3 mm 的厚度，切成長方形，把周邊多餘的部分切掉。表面整個塗上蛋黃後，撒上格律耶爾乳酪。

**11** 將**10**折成三折，用保鮮膜包起來，放進冷凍庫冰。

**12** 等到**11**的麵皮變硬後，切成 2 mm 的薄片，排列在鐵烤盤上，用烤箱以 200℃烤約 30 分鐘。烤好後，放在冰箱上讓它冷卻。

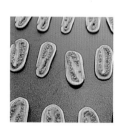

# CÔTES DE PORC CHAMPVALLON
## 香巴濃式煨豬肋排

這道菜的做法屬古典料理法的一種，甚至久遠到法皇路易14時代。

*Les ingrédients*
*pour*
*6 personnes*
6 人份

豬肋排　6 片
鹽、胡椒　各適量
沙拉油　適量

百里香　適量
月桂葉　2~3 片
奶油　40g

裝飾配菜：
洋蔥 (切細)　3 個
大蒜 (切碎)　2 瓣
馬鈴薯　1.4kg
百里香、月桂葉　各適量
奶油　適量
雞高湯→**page** *105*　800 cc
鹽、胡椒　各適量

**commentaires**(注釋)：
■馬鈴薯圓片〔**bouchon**〕
將馬鈴薯的兩端切掉，使它變平。然後將周圍的皮切掉，再用刀貼著慢慢地轉圈，把表面削得漂亮平滑，整個呈圓筒狀。

**1** 豬肋排的脂肪若是太多了，就切掉一些，也將連接在肉上的骨頭也切掉。

**2** 表面用搥肉器敲平。拖盤內撒上鹽、胡椒，肉放上去，肉上再撒上鹽、胡椒。

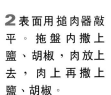

**3** 平底鍋內放沙拉油加熱，將肉的表面煎得變硬。煎的時候要邊澆油汁。

**4** 將**3**翻面，另一面也用同樣的方法煎。

**5** 將**4**的肉排列在陶盤裡。

**6** 將**4**平底鍋內的油倒掉一些，放適量的奶油進去融化，將切細的洋蔥放進去，加鹽、胡椒來炒。

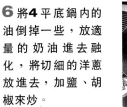

**7** 在**6**裡加入切碎的大蒜，當洋蔥炒到變成淡褐色時，就加入百里香、月桂葉，移到不鏽鋼鍋（高度較高）內，倒入雞高湯煮。

**8** 馬鈴薯削成圓筒狀後，切成3 mm厚的薄片，放入**7**裡，加鹽、胡椒，繼續煮。

**9** 等到馬鈴薯有點煮熟了，就放到**5**的上面。

**10** 最上層用馬鈴薯片整齊地排列在肉的上面。

**11** 放上百里香、月桂葉，將40 g的奶油分散放在2~3個角落。

**12** 先用鋁箔紙將盤子整個蓋起來，再用烤箱以200℃烤約1個小時。

# VELOUTÉ DE CHAMPIGNONS CRÈMEUX

# 蘑菇奶油濃湯

# ENTRECÔTES GRILLÉES MIRABEAU
## 米哈波式網烤牛肋排

# VELOUTÉ DE CHAMPIGNONS CRÈMEUX
## 蘑菇奶油濃湯

"VELOUTÉ" 在法文裡是「絲絨般的觸感」之意。這道湯正如其名，入口後的觸感絶佳，滑順可口。

*Les ingrédients*
*pour*
*4 personnes*
4人份

紅蔥頭　80 g
蘑菇　250 g
新鮮香菇　250 g
奶油　50 g
雞高湯**page** *105*　800 cc
鮮奶油　400 cc
鹽、胡椒　各適量

勾芡 (liaison)：
蛋黃　2個
鮮奶油　100 cc
奶油　20 g
乾燥的羊肚菌 (或粉狀)
(Morille Sèche)　20 g
鮮奶油 (打發過的)　3大匙

**c o m m e n t a i r e s**（注釋）：
■奶油勾芡
〔monter au beurre〕
在湯要完成的時候，加奶油進去，使其濃度增高，風味更佳，顯現光澤之意。

**1** 將奶油放入鍋內融化，用來炒切碎的紅蔥頭。

**2** 將各切成4塊的蘑菇和香菇放進**1**裡炒，然後，倒入雞高湯。

**3** 加點鹽、胡椒，煮30分鐘。不斷地撈掉浮沫。

**4** 將勾芡部份的蛋黃、鮮奶油放入小攪拌盆內混合，作為勾芡時備用。

**5** 將**3**用手持電動攪拌器或果汁機攪拌。

**6** 當**5**被攪拌到變得滑順後，就過濾到其他的鍋內。

**7** 加熱**6**的湯鍋，加入400 cc的鮮奶油，並加入鹽、胡椒重新調味。

**8** 在**7**裡加入20 g的奶油，製作奶油勾芡→**注釋部份**。

**9** 加一點**8**到已預先混合好的**4**裡混合，再整個倒進**8**裡。等到湯變濃後，就將鍋子從爐上移開。

**10** 羊肚菌用果汁機打碎成粉末，再用細孔濾網篩過。將**9**的湯盛到湯碗中，放上稍微打發過的鮮奶油作裝飾，再撒上羊肚菌粉。

# ENTRECÔTES GRILLÉES MIRABEAU
## 米哈波式網烤牛肋排

搭配上鯷魚奶油，可以讓簡單地用網烤的牛肉更凸顯其美味。

*Les ingrédients*
*pour*
*4 personnes*
4 人份

牛肋排 (200~220g，放置在室溫下)　4片
鹽、胡椒　各適量
沙拉油　適量

鯷魚奶油
┌ 鯷魚菲力　6片
│ 牛奶　150cc
│ 奶油　125g
└ 胡椒　少許

鯷魚菲力　8片
橄欖　16個
巴西里 (切碎)　適量

普羅旺斯式烤蕃茄：
蕃茄　小4~8個
大蒜　2瓣
麵包粉　100g
巴西里　50g
橄欖油　適量
鹽、胡椒　各適量

城堡式馬鈴薯
(les pommes châteaux)：
馬鈴薯　大8個
沙拉油　適量
奶油　60g
鹽　適量

西洋菜　適量

**commentaires**(注釋)：
■削圓〔tourner〕
1 削皮後切掉兩端，去掉稜角，削成圓形，將形狀修整好。削成圓形後的馬鈴薯煮起來就比較不會散掉，而且形狀也會比較漂亮。

**1** 製作鯷魚奶油。用牛奶浸泡一會鯷魚菲力，取出後放在廚房用紙巾上，讓水分瀝乾。

**2** 將**1**的鯷魚菲力和已軟化的奶油、胡椒放進食物處理機，打成糊狀。

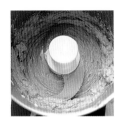

**3** 將**2**用篩網過濾，放入攪拌盆內用橡皮刮刀拌勻。

**4** 將**3**裝進附有菊口擠花嘴的擠花袋內，擠到烤盤紙上。

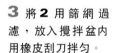

**5** 將8片鯷魚菲力對半縱切後，用來捲已去籽的橄欖，擺在**4**上面，放進冰箱冷藏凝固。盛到盤子上時，再擺上巴西里。

**6** 製作普羅旺斯蕃茄。將大蒜、麵包粉、巴西里、鹽、胡椒放進食物處理機攪，等到整個混合均勻後，就將橄欖油一點點地加進去。

**7** 蕃茄對半橫切後，把籽挖掉，將**6**填裝進去，用烤箱以180℃烘烤後，最後再用蠑螈爐 (或烤箱的上火) 將表面烤成褐色。

**8** 製作城堡式馬鈴薯。首先，將馬鈴薯削圓。

**9** 水煮**8**的馬鈴薯。

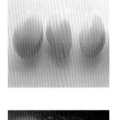

**10** 在平底鍋內放沙拉油加熱，將**9**的馬鈴薯放進去煎。當馬鈴薯整個變成褐色，熟透後，就將油倒掉，再加入奶油拌炒一下，撒上鹽。

**11** 牛肉要開始烤之前，先撒鹽、胡椒調味，淋上沙拉油，沾滿肉的表面。

**12** 將**11**放在已變熱的網架上，把肉的兩面烤出漂亮的網印來。然後裝到盤中，再配上**5**的鯷魚奶油、**7**的普羅旺斯蕃茄、**10**的城堡式馬鈴薯、西洋菜。

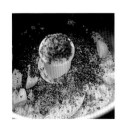

# TERRINE DE CAMPAGNE
## 鄉村風味肉凍派

FILETS DE DAURADE À L'ANIS

茴香風味煎鯛魚菲力

# TERRINE DE CAMPAGNE
## 鄉村風味肉凍派

為了將剩下較差部位的肉用完，作成可保存較久而美味的食物，就是這種肉凍派的由來。

*Les ingrédients*
*pour*
*8 personnes*
8人份

小牛紅肉　300g

A
┌ 豬肝　400g
│ 豬脖子肉　200g
│ 豬背肥肉　200g
└ 白蘭地酒　少許

B
┌ 百里香　2~3枝
│ 月桂葉　2~3片
│ 巴西里　少許
└ 鹽、胡椒、肉豆蔻粉　各適量

蛋　3個

麵包粉　150g

牛奶　少許

豬網膜 (crêpine)　1張

酸黃瓜　適量

**commentaires** (注釋)：
■製作肉凍派時所使用的鹽、胡椒的基本量，以1kg的肉餡 (適用於所有使用的肉、肥肉) 用16~18g的鹽、6~8g的胡椒為準，就很容易記得起來了。請再依各人喜好做適度的調整。也請依各人的喜好添加香料，使味道更加地豐富。
■因為肉凍派不論是terrine或pâté，都無法在製作的途中確認味道，作適度的調整，所以，在此教您一個能夠確認最接近完成時味道的方法。那就是，先放一點已混合好的肉在鋁箔紙上，包起來用烤箱烤，就可以預先得知完成時的味道了。

**1** 將A的肉類切成3cm的長方形棒狀，放進拖盤中，加入B的材料。

**2** 用雙手將1整個混合均勻，蓋上保鮮膜，放進冰箱冷藏一晚，讓材料入味。

**3** 第二天，取出百里香、月桂葉、巴西里後，用絞肉機絞過，放進攪拌盆中備用。

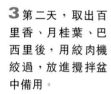

**4** 將蛋打入其他碗內打散，加入用牛奶浸過的麵包粉混合。

**5** 將4倒入3裡，戴上衛生橡膠手套，用手充分混和。

**6** 將豬網膜攤開在陶盆內。

**7** 將5的肉裝到6裡，上面擺上新的百里香、月桂葉作裝飾 (未列入材料表的份量)。

**8** 用豬網膜將整個材料覆蓋起來。

**9** 周邊用手壓下，整理形狀。

**10** 將9放進較深的拖盤中，倒入約模型一半高的熱水，作隔水加熱的烤法。

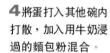

**11** 將10放進烤箱，以160℃烤約1個小時。

**12** 用鐵籤刺刺看，若是拔起時鐵籤變熱了，就是烤好了。放在室溫下讓它完全冷卻 (能夠放上一晚更好)。吃的時候，切成薄片，盛到盤中，再配上醃小黃瓜即可。

# FILETS DE DAURADE À L'ANIS
## 茴香風味煎鯛魚菲力

這道菜加了茴香酒 *(pastis)* 調味,是種加冰水喝,在馬賽很受歡迎的餐前酒,再搭配炒茴香的味道可說是美味絕倫。

*Les ingrédients pour*

2 ~4 *personnes*
2 ~4 人份

鯛魚　2條
鹽、胡椒　各適量
橄欖油　適量

裝飾配菜:
茴香　2個
茴香葉　適量
橄欖油　適量
鹽、胡椒　各適量

茴香風味醬汁:
魚高湯→**page** *107*　400 cc
八角　1個
鮮奶油　150 cc
奶油　50 g
茴香酒 (pastis)　20 cc
鹽、胡椒　各適量

裝飾:
茴香葉　適量
蕃茄 (切成菱形)　1個的份量
八角　適量

**1** 參考第*94*頁,將鯛魚取下兩片菲力,將魚刺挑除,魚骨留下作高湯用。若是比較大的鯛魚,就再各分成2等份。

**2** 茴香縱切成2塊,去芯,再切成厚片。

**3** 將橄欖油放進鍋內加熱,茴香放進去炒。變軟後,就撒上鹽、胡椒。

**4** 煮到變得柔軟時,就改用小火加熱,適量地加入切碎的茴香葉混合,再從爐火上移開。

**5** 製作醬汁。首先,將魚高湯倒入鍋內,加入弄碎的八角熬煮。

**6** 等到**5**剩下一半的量時,加入鮮奶油,繼續熬煮。

**7** 過濾**6**,加入50 g的奶油勾芡,增加濃度**page** *24*。

**8** 加鹽、胡椒調味,再加入茴香酒,就大功告成了。

**9** 在**1**的鯛魚菲力上撒鹽、胡椒,平底鍋內放橄欖油加熱,魚皮朝下地煎。煎的時候,要不時地在表面澆上鍋裡的橄欖油,等到魚皮煎成褐色後,就翻面。

**10** 翻面煎熟後,先將其中的一片菲力放在盤中,把**4**酌量放上去。再放上適量的茴香葉和蓋上另一片菲力。淋上**7**的醬汁,用蕃茄、八角裝飾。

# SAUMON CRU À L'ANETH
## 茴香風味鹽漬鮭魚

# FRICASSÉE DE PORC À LA GRECQUE

希臘式蔬菜燴豬肉

# SAUMON CRU À L'ANETH
## 茴香風味鹽漬鮭魚

用鹽醃漬可使美味和保存時間都增長為2倍。請配上冰過的白酒一起享用。

*Les ingrédients*
*pour*
*4 personnes*
4人份

鮭魚菲力　1片(500g)
黃檸檬皮屑　1個的份量
柳橙皮屑　1個的份量
粗鹽　500g
砂糖　250g
白胡椒粒　10粒
芫荽籽　10粒

綠檸檬皮　1個的份量
青椒　50g
紅甜椒　50g
紅蔥頭　1個
綠胡椒　1大匙
茴香葉(切碎)　1大匙
茴香葉　少許

醃漬汁：
綠檸檬汁　3個的份量
橄欖油　100cc
鹽　適量

**commentaires**(注釋)：
■參考**page** 96處理鮭魚，取下一片菲力除去魚刺備用。
■小骰子蔬菜〔brunoise〕
即將蔬菜切成2mm方形骰子狀。
■細絲蔬菜〔julienne〕
即將蔬菜切成長約4~5cm的細長條。若是再切成小塊，就成了2mm小骰子狀的蔬菜(brunoise)。

**1** 將黃檸檬和柳橙皮切成小骰子狀(brunoise)。

**2** 將粗鹽、砂糖、黃檸檬和柳橙皮、白胡椒粒、芫荽籽放進攪拌盆裡混合。

**3** 將**2**撒到整片鮭魚上，用保鮮膜包起來，放進冰箱冷藏一晚。

**4** 第二天，將鮭魚取出(鮭魚會像照片中一樣滲出水分)，用水洗淨，再用乾淨布巾吸乾水分。

**5** 用鮭魚專用刀(有溝槽的刀)削成薄片，注意不要讓肉散掉，裝在盤中。

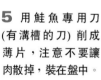

**6** 綠檸檬皮切成約4~5cm長的細長條，先用滾水燙兩次。

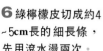

**7** 將**6**放進冰水中冷卻，再撈起，將水分瀝乾。

**8** 青椒和紅甜椒對半切開，切掉中間的蒂，去籽後，切成小骰子狀。

**9** 紅蔥頭切碎，綠胡椒也用刀切碎。

**10** 將鹽和**9**的綠胡椒放進容器內，綠檸檬汁過濾後倒入。

**11** 將橄欖油倒入**10**裡混合，製作醃漬汁。

**12** 將**7**的綠檸檬皮、**8**的青椒和紅甜椒、**9**的紅蔥頭、切碎的茴香葉放進**11**的醃漬汁裡，製作調味汁，然後，淋在**5**的鮭魚片上，再將茴香葉散放在上面。

# FRICASSÉE DE PORC À LA GRECQUE
## 希臘式蔬菜燴豬肉

豬肉很適合搭配富含甜味的食材一起烹調。這道菜就是使用了大量青椒、蘋果、葡萄乾來燉煮成的家常菜。

*Les ingrédients*
*pour*
*6 personnes*
6 人份

豬肩肉　2 kg
低筋麵粉　2大匙
濃縮蕃茄醬　1大匙
A ┌ 紅蘿蔔　1個
　│ 洋蔥　1個
　│ 芹菜　1枝
　└ 大蒜　2瓣
調味辛香草束
**(bouquet garni)**　1束
白酒　300 cc
小牛高湯**page** *106*　1公升
蕃茄切丁　2個的份量
鹽、胡椒　各適量
**cayenne辣椒粉**
**(poivre cayenne)**　適量
沙拉油　適量

裝飾配菜：
青椒　1個
紅甜椒　1個
蘋果　1個
白葡萄乾　60 g
黑葡萄乾　60 g
奶油　30 g

裝飾配菜 (希臘式燴飯)：
米　200 g
洋蔥　1個
紅甜椒　1個
青椒　1個
青豌豆　100 g
奶油　100 g
雞高湯→**page** *105*　300 cc
鹽、胡椒　各適量

**commentaires**(注釋)：
■豬肉若是切掉太多肥肉，煮完就會變得很乾，所以，稍微切掉一些即可。
■加入希臘式燴飯的材料，先分別炒過後，最後再混合起來，蔬菜的顏色就會比較鮮艷。
■**Torréfier**
原為焙炒咖啡豆等東西之意。在烹調上，意指將麵粉稍微炒過後，讓麵粉獨特的香味能夠散發出來。

**1** 將豬肩肉表面的大塊肥肉削掉後，切成約30 g~40g重的肉塊，撒上鹽、胡椒，用雙手混合。

**2** 倒些沙拉油在平底鍋內加熱，將**1**的肉塊放進去，煎到肉塊表面變硬後，再移到其他的湯鍋裡。

**3** 將低筋麵粉撒在**2**的肉塊上，加入濃縮蕃茄醬，蓋上鍋蓋，用烤箱以200℃焙炒 (Torréfier)約5~10分鐘。

**4** 將A的材料切成調味用辛香蔬菜(mirepoix)→**page** *45*後，和調味辛香草束一起放進**2**的平底鍋內炒，再倒入白酒，稀釋鍋內的湯汁→**page** *111*，讓肉的味道散發出來。

**5** 待**4**煮乾後，就倒入小牛高湯，煮到沸騰。

**6** 從烤箱取出**3**後，瀝掉多餘的油後，將**5**倒入，再加入蕃茄切丁→**page** *37*、鹽、胡椒、cayenne辣椒粉，用烤箱以180℃烤約50分鐘。

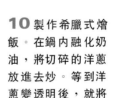

**7** 將用於裝飾配菜的青椒、蘋果切成約2mm大小的骰子狀(brunoise)→**page** *32*，和葡萄乾一起混合。放30 g的奶油到鍋內加熱後，再將材料放進去炒。

**8** 待**6**的豬肉煮熟後，就將肉挑出，移到其他的鍋內。留在鍋內的湯汁再稍微熬煮過後，重新調味，過濾，倒回放肉的鍋內。

**9** 將**7**倒入**8**裡，再熬煮一下。

**10** 製作希臘式燴飯。在鍋內融化奶油，將切碎的洋蔥放進去炒。等到洋蔥變透明後，就將米放進去炒。

**11** 將雞高湯倒入**10**裡，加入鹽、胡椒，煮到沸騰。然後，蓋上鍋蓋，放進烤箱，以180℃烤15分鐘。

**12** 青椒切成約2 mm大小的骰子狀，混合青豌豆，用鹽水燙一下，再用冰水過涼。然後，將水瀝乾，放進**11**的飯裡在稍稍地混炒回熱，再和**9**的肉一起盛到盤上。

33

# ASPERGES VERTES SAUCE MOUSSELINE
## 綠蘆筍佐荷蘭醬汁

# OSSO-BUCCO À LA PIÉMONTAISE
## 皮耶孟特式煨小牛腿肉

OSSO BUCCO
Pluriel OSSI BUCCI

71

Très Bonne cuisine
Très Bon

ÉLÉMENTS CONSTITUTIFS pour 8 personnes :

8 osso bucco de 250 g à 300 g cha-
cun (tranches de jarret de veau
avec os)
1,5 dl d'huile
50 g de farine

ÉLÉMENTS PRINCIPAUX .........

200 g de carottes
200 g de gros oignons
50 g de céleri en branche
4 gousses d'ail
1 petit bouquet garni

GARNITURE .........

2 dl de vin blanc
1 l de fond de veau

À RISSOLER (cuisson 10 minutes environ);
confection de la sauce (n° 6).
réalise 10 à 15 minutes avant de dresser les
une passoire.
uteuse moyenne (ou dans une casserole).
imètres au-dessus des pommes, et sans sel.
ment grande afin d'éviter aux pommes
litres d'huile.
chir) à la première ébullition.
6-7) pendant 8 à

# ASPERGES VERTES SAUCE MOUSSELINE
## 綠蘆筍佐荷蘭醬汁

將味道清淡，口感佳的荷蘭醬汁 (*sauce hollandaise*) 淋滿在有咬勁的綠蘆筍上，就是一道佳餚了。

*Les ingrédients*
*pour*
4 *personnes*
4人份

綠蘆筍　4把

荷蘭醬汁 (sauce hollandaise)：
蛋黃　4個
水　4大匙
澄清奶油　200g
黃檸檬汁　1/2個的份量
鮮奶油　80cc
鹽、胡椒　各適量
Cayenne辣椒粉
(Poivre Cayenne)　適量

紅胡椒粒 (裝飾用)　適量

f i n i t i o n (最後裝飾)：
■將水煮過的綠蘆筍放在盤中，淋上荷蘭醬汁。然後，撒上紅胡椒粒，就完成了。

**1** 刮除綠蘆筍葉子的部分。

**2** 從底部切掉約1/4的長度。

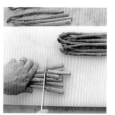

**3** 將鹽（未列入材料表）加入沸水中，綠蘆筍放進去水煮。

**4** 等綠蘆筍煮到刀尖可以輕易地切入後，就撈起，放進冰水裡過涼。

**5** 然後，將**4**撈起放到舖著乾布的拖盤上，把水拭乾。

**6** 製作荷蘭醬汁。將蛋黃和水放進攪拌盆裡，隔水加熱，用攪拌器像寫「8」似地攪拌混合。

**7** 等蛋黃打發到變白，軟綿綿地，落下有如綢緞般的狀態時，就將澄清奶油像線條般慢慢地倒進去，使打發蛋黃更加乳化。

**8** 在**7**裡加入鹽、胡椒、cayenne辣椒粉調味，加入黃檸檬汁後，用濾網過濾。

**9** 在其他的攪拌盆內將鮮奶油稍微打發一下。

**10** 將**9**的打發鮮奶油倒入**8**裡混合，就完成了。

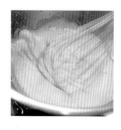

# OSSO-BUCCO À LA PIÉMONTAISE
## 皮耶孟特式煨小牛腿肉

腿肉只要經過長時間的燉煮，就可以變得很軟。製作配菜用的義式燴飯 (risotto) 時，
視其狀態將高湯一點點的加進去，是製作時的一大訣竅。

*Les ingrédients*
*pour*
*4 personnes*
4人份

小牛帶骨腿肉(圓切片)　4片
低筋麵粉　50g
鹽、胡椒　各適量
沙拉油　100 cc

醬汁：
紅蘿蔔　1/2條
芹菜　1/2枝
洋蔥　1/2個
大蒜　2瓣
濃縮蕃茄醬　1大匙
白酒　120 cc
調味辛香草束
(bouquet garni)　1束
蕃茄切丁　2個的份量
小牛高湯→page 106　500 cc
柳橙皮(切碎)　1/2個的份量
黃檸檬皮(切碎)　1/2個的份量
奶油　50g
鹽、胡椒　各適量

裝飾配菜：義式燴飯(risotto)
米　200g
洋蔥　1/4個
奶油　25g
雞高湯→page 105　400 cc
鹽　適量
番紅花　適量
骨髓　2塊
Parmesan乳酪　3大匙

巴西里(切碎)　適量

**commentaires**(注釋)：
■蕃茄切丁〔tomate concassée〕
用滾水燙過，再放進冷水裡冷卻，
剝皮，去籽後，切丁的蕃茄。
■投進沸水裡煮〔pocher〕
燙煮。放進即將沸騰的液體內烹
調的方法。

**1** 小牛腿肉用鹽、
胡椒調味後，撒滿
低筋麵粉，並抖掉
多餘的麵粉，放進
已用沙拉油熱鍋的
平底鍋內。

**2** 將**1**的牛肉表面
煎硬。

**3** 將鍋內多餘的油
倒掉，把切成約2
mm大小骰子狀→
**page** 32 的紅蘿蔔、
芹菜、洋蔥、大蒜
放進去炒。

**4** 加入濃縮蕃茄
醬，稍微炒一下，
再倒入白酒，燒開
去酸味。

**5** 加入調味辛香草
束、蕃茄切丁、小
牛高湯、切碎的柳
橙皮和黃檸檬皮，
用鹽、胡椒調味，
加熱到沸騰。

**6** 蓋上鍋蓋，用
烤箱以200℃烤約
40分鐘。

**7** 製作義式燴飯。
將奶油放進鍋內融
化，切碎的洋蔥放進
去炒，然後撒鹽。
等洋蔥變透明後，
就加入番紅花。

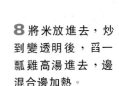

**8** 將米放進去，炒
到變透明後，舀一
瓢雞高湯進去，邊
混合邊加熱。

**9** 水分變少後，就
再加雞高湯進去。
不斷重覆這樣的步
驟直到幾乎看不到
米心為止。

**10** 骨髓切成圓片，
先水煮過。再切成細
小的塊狀，用沸水稍
微燙過 (pocher)。將
Parmesan乳酪和骨髓
加入**9**內混合，義式
燴飯就大功告成了。

**11** **6**的肉若是煮熟
了，就移到其他的
鍋內，並取出調味
辛香草束。留下湯汁
繼續熬煮，加鹽重新
調味，加入50g的
奶油勾芡→**page** 24。

**12** 將**11**的湯汁倒
回放肉的鍋內。若只
需使用醬汁，就過濾
**11**即可。將肉盛到
盤中，配上**9**的義式
燴飯，撒上切碎的巴
西里，就完成了。

# FLAN DE TRUITE SAUCE AU PORTO
## 鱒魚芙濃佐波特酒醬

# FRICASSÉE DE VOLAILLE À L'ANCIENNE
古法燴雞

# FLAN DE TRUITE SAUCE AU PORTO
## 鱒魚芙濃佐波特酒醬

製作這道菜的密訣，就是將空氣一點點地加入鮮奶油裡。因為這樣作可以使芙濃吃起來更為柔細滑順。

*Les ingrédients*
*pour*
*4 personnes*
4人份

鱒魚　5條(淨重500 g)
蛋　1個
牛奶　200 cc
鮮奶油　150 cc
鹽、胡椒　各適量
Cayenne辣椒粉
(Poivre Cayenne)　適量

裝飾配菜：
蘑菇　12個
水　適量
黃檸檬汁　1/2個的份量
奶油　10g
鹽　少許

醬汁：
紅蔥頭　1個
大蒜　1瓣
蘑菇屑　適量
奶油　40g
波特酒(Porto)　50 cc
小牛高湯→page 106　300 cc
鹽、胡椒　各適量

香葉芹(裝飾用)　適量

**1** 參考 page 96 將鱒魚取下菲力，去魚刺，去掉皮，切成適度的大小。

**2** 將 **1** 的鱒魚肉和蛋、鹽、胡椒一起放進食物處理機裡攪拌。再將牛奶一點點地加進去攪拌混合，直到變得滑順。

**3** 等 **2** 變成糊狀後，就用濾網過篩。

**4** 將 **3** 放進攪拌盆中，加入鹽、胡椒、cayenne辣椒粉，底部隔冰水降溫。將鮮奶油 分3~4次加進去打發混合。

**5** 在模型 (直徑7 cm)的內側塗抹上軟化了的奶油 (未列入材料表)。將 **4** 裝進未裝上擠花嘴的擠花袋內，擠進模型中，到和模型一樣的高度，用抹刀將表面整平。

**6** 將 **5** 放進托盤裡，盤內注入約模型一半高度的熱水，隔水加熱。在鋁箔紙上塗抹奶油 (未列入 材料表)，整個覆蓋上去，用烤箱以160℃烤30分鐘。

**7** 用料理用小刀將蘑菇刻花。刮下來的蘑菇屑不要丟掉，留著作調味汁時使用。

**8** 將 **7** 的蘑菇放進鍋內，加入約可淹沒高度的水、黃檸檬汁、奶油、鹽，蓋上紙蓋，用中火煮(pocher) →page 37。

**9** 製作醬汁。將20 g的奶油放進鍋內，加入切碎的紅蔥頭、大蒜、**7** 的蘑菇屑，一起炒。

**10** 注入波特酒，稍微熬煮一下，讓酒精蒸發。再加入小牛高湯，繼續熬煮。

**11** 過濾湯汁時，用長柄杓將濾網裡的美味擠壓出來。然後，用鹽、胡椒重新調味，再加入20g的奶油勾芡→page 24。

**12** 用刀或竹籤刺穿 **6**，若拔起後不會沾黏，就表示已烤好了。脫模後，盛到盤中，四周澆上 **11** 的醬汁。然後，將 **8** 的蘑菇擺上去，再用香葉芹裝飾。

# FRICASSÉE DE VOLAILLE À L'ANCIENNE
## 古法燴雞

這是道使用了雞肉的法式燉菜。從前,這道老祖母所作的樸實而又溫馨的菜餚,想必今天仍常出現在法國家庭的餐桌上吧?

*Les ingrédients*
*pour*
*8 personnes*
8人份

雞(1.5 kg)　2隻
┌ 紅蘿蔔(切大塊)　100 g
A 洋蔥(切大塊)　100 g
└ 大蒜　瓣
韭蔥　100 g
芹菜　50 g
調味辛香草束
(bouquet garni)　1束
沙拉油　2大匙
奶油　20 g
低筋麵粉　4大匙
鮮奶油　200 cc
鹽、胡椒　各少許

裝飾配菜:
小蘑菇(切成4塊)　250 g
小洋蔥　250 g
黃檸檬汁　1/2個的份量
奶油　80 g
砂糖　3大匙
鹽　適量

匹拉夫燴飯(riz pilaf):
米　400 g
洋蔥　150 g
奶油　60 g
調味辛香草束
(bouquet garni)　1束
水　600 cc

**1** 參考page 98,分解整隻雞,將雞胸肉、腿肉各分成2等份,放進托盤中,加鹽、胡椒。雞骨切成大塊備用。

**2** 製作雞高湯。將雞骨和A的材料放進鍋內,韭蔥切成4段後再對半切開,和芹菜、調味辛香草束、1公升的水一起放進鍋內,邊撈掉浮沫,邊熬煮30~40分鐘。

**3** 將蘑菇放進鍋內,注入約可淹沒高度的水,加入黃檸檬汁、50 g的奶油、鹽少許,加熱。小洋蔥用約洋蔥一半量的水,加入砂糖、鹽少許、30 g的奶油,如此的煮法叫做(glacer),會使蔬菜表面有光澤→page *111*。

**4** 將沙拉油和奶油放進較大的湯鍋內,放進加了鹽、胡椒的雞肉,先煎有雞皮的那面,到表面變硬。

**5** 撒上低筋麵粉,蓋上鍋蓋,用烤箱以200℃烤2~3分鐘。

**6** 將**2**的雞高湯過濾後,倒入**5**的鍋內。蓋上鍋蓋,煮30~40分鐘。

**7** 將**6**鍋中的雞肉取出,放進其他的鍋內。將鮮奶油加進剩下的湯汁裡,稍微熬煮一下。

**8** 邊過濾**7**,邊倒入放有雞肉的鍋內,然後用鹽、胡椒重新調味。

**9** 將**3**的蘑菇和小洋蔥放進**8**裡。

**10** 製作匹拉夫燴飯。在鍋內融化奶油,把切碎的洋蔥炒到變得透明,再將米放進去一起炒。

**11** 等到米飯變得透明後,就加入調味辛香草束、水,加熱到沸騰。

**12** 蓋上鍋蓋,用烤箱以180℃煮約15分鐘到熟。將**9**以及雜燴飯盛到盤中,一起端上桌。

TERRINE DE POISSONS OCÉANE

海洋風味魚凍派

CARRÉ D'AGNEAU ET SA BOUQUETIÈRE DE LÉGUMES
烤小羊肋排配什錦蔬菜

# TERRINE DE POISSONS OCÉANE
## 海洋風味魚凍派

這是道色彩漂亮的魚凍派,很適合作為家庭聚餐時的菜餚。

鰨魚　2條

紅蘿蔔　60g

芹菜　60g

洋蔥　60g

鮭魚
(已分解成3塊的鮭魚)　600g

蛋白　2個

鮮奶油　450cc

香葉芹(切成大塊)　2束

巴西里　1束

鹽、胡椒　各適量

奶油　適量

美乃滋醬:

蛋黃　1個

芥末　1大匙

醋　1/2大匙

沙拉油　250cc

鹽、胡椒　各適量

裝飾:

蕃茄(切成玫瑰花的形狀)　8個

薄荷葉　適量

commentaires(注釋):
■若是做了步驟**7**,烤好後就不會變形,也比較容易取出。

**1** 紅蘿蔔、芹菜、洋蔥切成約2 mm大小的骰子狀→page 32,用放了鹽的水煮熟。然後,放進冰水中冷卻,再放到廚房用紙巾上瀝乾備用。

**2** 製作慕斯。鮭魚去魚刺,去皮,切塊後,和蛋白一起放進食物處理機攪拌。等到變得滑順後,再用濾網過濾到攪拌盆內。

**3** 加鹽、胡椒到**2**裡,攪拌盆底部用冰水降溫,將鮮奶油分成3~4次加進去打發。慕斯先留下1/4的量,將3/4裝到其他的攪拌盆內,和**1**、香葉芹一起混合。

**4** 將切碎的巴西里加到**3**留下的1/4的慕斯裡,製作綠色的慕斯。

**5** 參考第95頁,將鰨魚取下4片菲力。每片菲力都用保鮮膜包起來,再用搥肉器打薄。

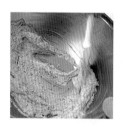

**6** 將**4**的慕斯塗抹在**5**的鰨魚菲力上,然後,從尾端較細的部分開始捲。

**7** 在模型內塗抹奶油,放進冰箱冷藏,使奶油凝固。之後在模型內舖上折疊過的鋁箔紙,然後,再塗抹上奶油。

**8** 將**3**的慕斯裝進擠花袋內,擠出約7的模型一半的分量。

**9** 中央的部分用湯匙挖一道溝,向兩側抹,作成V字型,將**6**排列進去。

**10** 將**8**剩餘的慕斯擠到**9**的上面,填滿整個模型。將表面整平後,用模型輕敲台面,讓空氣跑出來,再用大姆指在邊緣劃出溝來。

**11** 在鋁箔紙內塗上奶油,蓋在**10**的模型上。然後,放進拖盤內,注入拖盤一半高度的熱水,以隔水加熱的方法,用烤箱以160℃烤40~45分鐘。

**12** 用鐵籤刺過後,若是不會沾黏,就表示已烤好了。將魚凍派切成薄片,盛在盤中,參考page 93,製作美乃滋醬,淋在上面。再用切成玫瑰形狀的蕃茄皮和薄荷葉裝飾。

# CARRÉ D'AGNEAU ET SA BOUQUETIÈRE DE LÉGUMES
## 烤小羊肋排配什錦蔬菜

這是一道綜合多種蔬菜的配菜。雖然將蔬菜各自分開來煮有點費事，藉此卻可呈現出各種蔬菜各自獨特的味道。

*Les ingrédients*

*pour*

*4 personnes*

4人份

小羊肋排　約900g

沙拉油　適量

鹽、胡椒　各適量

普羅旺斯式香料

(herbes de provence)　適量

```
┌ 紅蘿蔔　1/2條
A 洋蔥　1/2個
└ 大蒜　4瓣
```

百里香、月桂葉　各適量

裝飾配菜：

```
┌ 紅蘿蔔　2條
B 蕪菁(或白蘿蔔)　2個
└ 馬鈴薯　2個
```

四季豆　100g

培根(薄片)　2片

奶油　60g

鹽　適量

砂糖　4大匙

沙拉油　適量

花椰菜　1/2個

朝鮮薊(artichaut)　4個

炒到榛果色的奶油 (beurre

noisette)　30g

水煮蛋　1/2個

麵包粉　1大匙

巴西里(切碎)　1大匙

**commentaires**（注釋）：

■mirepoix

調味用辛香蔬菜，製作高湯或調味汁，以及燉肉等時候常會用到。切塊的大小和烹調所需時間成正比。加熱時間為20～30分鐘就切1cm的塊狀，1個小時就切成2cm的塊狀，3個小時就切更大塊。

■Herbes de Provence

普羅旺斯式香料，混合了百里香、月桂葉、迷迭香、羅勒、風輪菜等乾燥而成的香料。

**1** 參考**page** 99，將小羊背肉的表面脂肪稍微削掉一些，去掉軟骨（平的骨頭）和筋。切下排骨末端周圍的碎肉，刮乾淨。然後，在表面的肥肉上劃格子紋。

**2** 在**1**抹上鹽、胡椒，預先調味。在平鍋內倒些沙拉油，從肥肉的那面開始煎。

**3** 邊澆油，將兩面煎上色，加入切成1cm大小**A**的調味用辛香蔬菜、百里香、月桂葉，不要蓋鍋蓋，放進烤箱，以200℃烤18～20分鐘。

**4** 將用來作配菜的**B**的材料削圓**page** 25。紅蘿蔔和蕪菁放入不同的鍋內，注入約可淹沒材料的水，40g的奶油和砂糖分成各半加入，再加入少許的鹽，煮到表面顯出光澤**page** 111。

**5** 將**4**的馬鈴薯先水煮過，再用沙拉油煎。然後，把油倒掉，最後加入20g的奶油和少許的鹽。

**6** 四季豆兩端切除，加鹽水煮，再放進冰水過涼。瀝乾水分後，用對半縱切的培根捲起來，再用牙籤固定。最後，用奶油（未列入材料表）稍微煎一下。

**7** 花椰菜先水煮過，瀝乾後，排列在平鍋內。加入奶油、混合用濾網過濾過的水煮蛋、麵包粉、巴西里，覆蓋在花椰菜上面。

**8** 參考第101頁，處理朝鮮薊。中間挖空，用**7**的花椰菜填充。最後，用烤箱以180℃烤上色。

**9** **3**的小羊肋排若是煮熟了，就放到網架上瀝油，撒上一點鹽，暫放在溫暖的地方。散熱後，適度地將普羅旺斯式香料撒在上面。

**10** 將**9**多餘的油倒掉，留在鍋內的調味用辛香蔬菜炒到變成金黃色，再加入200cc的水稀釋湯汁→**page** 111。

**11** 用圓錐形過濾器過濾**10**後，再熬煮一下，撈掉浮沫，用鹽、胡椒重新調味。最後，加入適量的普羅旺斯式香料。

**12** 用刀將**9**的小羊肋排從骨頭和骨頭之間切開。然後，和**4**、**6**、**8**的配菜一起盛到盤中，小羊肋排撒上普羅旺斯式香料，**8**撒上巴西里，最後，淋上**11**的調味汁。

# PETITE SALADE DE VOLAILLE CHAMPÊTRE
## 鄉村風味特製雞肉沙拉

# ESCALOPE DE SAUMON À L'OSEILLE

酸模鮭魚

# PETITE SALADE DE VOLAILLE CHAMPÊTRE
## 鄉村風味特製雞肉沙拉

這是一道材料豐富而豪華的沙拉，即使是作為主菜，也很能令人滿足，讚不絕口。

*Les ingrédients*
*pour*
8 *personnes*
8人份

雞胸肉　　4塊
玉米筍　　8枝
鴻禧菇　　150g
新鮮香菇　200g
蘑菇　180g
蠔菇　150g
紅蔥頭 (切碎)　2大匙
雪利白酒醋
(Vinaigre de Xérès)　2大匙
沙拉油　100cc
奶油　50g
鹽、胡椒　各適量

捲葉苦苣　1顆
紫萵苣　1顆
球形萵苣　1顆

油醋：
白酒醋　60~80cc
橄欖油　250cc
鹽、胡椒　各適量

裝飾：
蕃茄 (切成玫瑰的形狀)　4個
香葉芹　1/2束

**commentaires** (注釋)：
■蕃茄用滾水燙幾秒後，放進冷水中過涼，然後剝皮，將表面的果肉切成玫瑰狀，撒一點鹽 (未列入材料表)，再把多餘的水分瀝乾。

**1** 雞胸肉去筋，用鹽、胡椒調味。

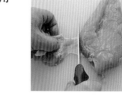

**2** 在平底鍋內放沙拉油加熱，將雞皮的那面朝下先煎。

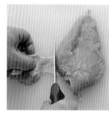

**3** 不時地將油汁澆在雞肉的表面，防止肉的表面變乾，將兩面都煎熟。

**4** 等到雞肉煎熟，皮變脆了，就放到舖著網架的托盤上瀝油。

**5** 玉米筍用放了鹽的水煮熟。

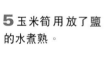

**6** 將鴻禧菇的底部切除，切成塊，香菇切成4等份，蘑菇切成4~6等份。

**7** 蠔菇切成4等份。

**8** 在平底鍋內放奶油加熱，將**6**和**7**的菇類放進去炒，用鹽、胡椒調味，最後，再加入紅蔥頭和雪利白酒醋。

**9** 捲葉苦苣、紫萵苣、球形萵苣洗淨瀝乾，用手撕成容易吃的大小，稍加混合。

**10** 製作油醋。將白酒醋、鹽、胡椒放進攪拌盆中混合，再倒入橄欖油。

**11** 用**10**的油醋來拌**9**的蔬菜。

**12** 將**4**的肉切成薄片，和**5**的玉米筍、**8**的菇類、**11**的蔬菜一起盛到盤中，再用切成玫瑰狀的蕃茄和香葉芹裝飾。

# ESCALOPE DE SAUMON À L'OSEILLE
## 酸模鮭魚

酸模葉 (oseille)在日本還鮮為人知。它的特徵是味道很酸，在法國一般被用來做湯等菜餚。

*Les ingrédients*

*pour*

*8 personnes*

8 人份

鮭魚菲力　1 片
鹽、胡椒　各適量
奶油　適量

醬汁：
紅蔥頭　2 個
蘑菇　8 個
酸模 (oseille)　2 束
Noilly酒　100 cc
魚高湯→**page** *107*　500 cc
鮮奶油　200 cc
奶油　80 g
鹽、胡椒　各適量

手工製新鮮義大利麵
(tagliatelle)：
低筋麵粉　250 g
鹽　5 g
蛋黃　3 個
水　80 cc
橄欖油　3 大匙

**finition**（最後裝飾）：
■盛到盤中時，可依個人的喜好在鮭魚肉上裝飾蘑菇→**page** *13*、香葉芹。

**commentaires**（注釋）：
■在沸水裡加鹽，將**7**的義大利麵放進去煮 1～2 分鐘。煮好後，放進冰水裡，再撈起瀝乾。裝盤前，放進熱水中涮一下，再瀝乾，拌奶油、鹽、胡椒即可（未列入材料表）。
■**Noilly酒**
法國產Noilly酒的一個商標名。Noilly酒一種用白酒和數十種類的香料植物和藥草調製而成的酒，可分為紅色與白色，以及甜味與辣味等種類。義大利、法國為主要產地。

**1** 參考page96，取鮭魚菲力，拔除魚刺，去除魚皮。

**2** 削去魚背肉上稍微黑色的部分，再用刀斜切成 2 cm 厚的肉片。

**3** 製作醬汁。在鍋內融化50g的奶油，用來炒切成薄片的紅蔥頭和蘑菇，注意不要炒焦了。

**4** 炒軟後，加入Noilly酒，將酒精燒乾，再注入魚高湯熬煮。

**5** 製作義大利麵。混合低筋麵粉和鹽，過篩，加入蛋黃、水、橄欖油，充分混合，稍微揉一下，放置約30分鐘，再用擀麵棍擀開。

**6** 義大利擀麵機調到最小的刻度，將**5**的麵皮擀薄。

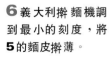

**7** 將**6**切成 5～6mm 寬的麵條，攤在撒了麵粉（未列入材料表）的烤盤上，使麵條變得乾一點。

**8** 酸模去莖，將幾片葉片疊在一起，切成寬約 1 cm 的帶狀備用。

**9** 在平底鍋內放30g的奶油，將**8**放進去炒，用鹽、胡椒調味。

**10** 等到**4**的湯熬好後，再加入鮮奶油，繼續熬煮到可以沾黏在木杓上的濃度，然後過濾。

**11** 將**9**的酸模放進**10**裡，用鹽、胡椒重新調味後，醬汁就完成了。

**12** **2**的鮭魚用鹽、胡椒調味，將奶油放進平底鍋內加熱，把鮭魚肉的兩面都煎熟。煮義大利麵。煮好後，用奶油拌過，盛到盤中，鮭魚肉的四周淋上**11**的醬汁。

# TARTELETTES D'ŒUFS BROUILLÉS AUX ÉCREVISSES
## 迷你奶油滑蛋蛋塔配小螯蝦

# CÔTES DE VEAU GRAND-MÈRE

老祖母式煎小牛排

# TARTELETTES D'ŒUFS BROUILLÉS AUX ÉCREVISSES
## 迷你奶油滑蛋蛋塔配小螯蝦

一般被用來作為早餐的奶油滑蛋，只要配上烤吐司和醬汁，就成了法式三明治(canapé)，一道華麗引人注目的菜餚了。

*Les ingrédients*
*pour*
6 *personnes*
6人份

蛋　12個
鹽、胡椒　各適量
奶油　30g
鮮奶油　100cc

吐司 (3cm的厚片)　6片

美國醬汁(sauce américaine)：
小螯蝦　1kg
A ┌ 紅蘿蔔　100g
　├ 洋蔥　100g
　├ 韭蔥　100g
　└ 芹菜　1枝
橄欖油　適量
百里香　適量
月桂葉　適量
濃縮蕃茄醬　1大匙
蕃茄切丁→**page** 37　2個的份量
白蘭地酒 (法國**Cognac**
地區產)　50cc
白酒　300cc
魚高湯→**page** 107　300cc
鮮奶油　50cc
奶油　20g
鹽、胡椒　各適量
Cayenne辣椒粉 (**Poivre Cayenne**)
適量

奶油　10g
白蘭地酒 (法國**Cognac**
地區產)　適量

裝飾：
小螯蝦　18隻
香葉芹　適量
松露 (**truffe**)　1個

c o m m e n t a i r e s ( 注釋)：
■請參考**page** 95處理裝飾用的小螯
蝦，再水煮，就可以盛到盤中了。

**1** 3 cm的厚片吐司用圓形切模切割。

**2** 切割下來的圓形吐司，留下邊緣5mm的寬度，用刀子沿著邊緣切入，再橫切，以挖空中間的部分。

**3** 挖出中間的部分後，用烤箱以150℃烘烤備用。

**4** 製作美國醬汁。將小螯蝦頭和身體部分分開，剝出蝦仁備用。將小螯蝦頭及身體部分的殼放進攪拌盆裡，利用擀麵棒等器具搗碎。

**5** 在鍋內放橄欖油，炒小螯蝦頭，把A的材料切成約2mm大小的骰子狀**page** 32後，和百里香、月桂葉一起加進去炒。

**6** 等到**5**的蔬菜變軟後，就依序加入濃縮蕃茄醬、蕃茄切丁，炒到蕃茄的酸味消失。

**7** 加入白蘭地酒，等到酒精蒸發後，再加入白酒，熬煮一下。

**8** 白酒燒開後，加入魚高湯，用鹽、胡椒、cayenne辣椒粉調味，繼續熬煮30分鐘，並不時地撈掉浮沫。

**9** 過濾**8**後，再次加熱，並加入鮮奶油，熬煮一下。最後，加入20 g的奶油勾芡→**page** 24。

**10** 製作奶油滑蛋。將蛋打到容器內，加入鹽、胡椒。在鍋內融化奶油，將蛋倒進去，用小火加熱，再加入鮮奶油，攪拌混合。

**11** 在**4**剝了殼的小螯蝦仁上撒鹽。放10g的奶油進平底鍋內加熱，煎小螯蝦仁。最後，澆上白蘭地酒。

**12** 將**3**的圓吐司盒放在盤上，把**10**的炒蛋裝進去，**11**的小螯蝦散放在上面，用切成細絲的松露和香葉芹裝飾。再擺上帶殼水煮過的小螯蝦作裝飾，淋上**9**的美國醬汁。

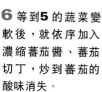

# CÔTES DE VEAU GRAND-MÈRE
## 老祖母式煎小牛肋排

*GRAND-MÈRE*在法語中是「祖母」之意。用家庭內常用的烹調方式所作出來的菜餚，常會用這樣的名稱來命名。

*Les ingrédients*
*pour*
6 *personnes*
6 人份

小牛帶骨肋排　　1 kg
沙拉油　適量
奶油　30 g
鹽、胡椒　各適量

裝飾配菜 (老祖母式)：
培根　250 g
小洋蔥　300 g
A ┌ 水　少許
　├ 奶油　30 g
　├ 鹽　少許
　└ 砂糖　3 大匙
蘑菇　300 g
B ┌ 奶油　50 g
　└ 鹽、胡椒　各適量
馬鈴薯　800 g
C ┌ 沙拉油　適量
　├ 奶油　60 g
　└ 鹽　適量

醬汁：
小牛高湯→**page** *106*　　200 cc
鹽、胡椒　各適量

巴西里 (切碎)　2 大匙

**1** 小牛肋排去筋，骨頭周圍的肥肉、碎肉清乾淨，自骨頭處往下開始搥。

**2** 在鍋內放沙拉油和奶油加熱，將**1**的肋排和切下的肥肉、碎肉放進去。

**3** 用中火慢慢地煎，並不時地用鍋內的烤汁來澆肉。

**4** 培根切成 3~4cm 的棒狀，先水煮到沸騰。瀝乾後，放進平底鍋內，用少量的奶油 (未列入材料表) 煎。

**5** 將小洋蔥放進鍋內，加入**A**的材料煮到顯現光澤→**page** *111*，並用湯汁沾滿小洋蔥，使它變成黃褐色。

**6** 蘑菇切成 4 等份，將**B**的奶油放進煎過培根的平底鍋內，用來炒蘑菇，並加入鹽、胡椒。

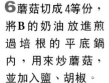

**7** 參考**page** *25*，製作城堡式馬鈴薯。

**8** 將**4**~**7**的配菜放進其他的湯鍋內一起加熱。

**9** 等到**3**的肉煎好後，就放在網架上瀝油，蓋上鋁箔紙，暫放溫暖的地方。

**10** 鍋內的碎肉和骨頭用濾網過濾後，丟掉肥肉，再放回鍋內，加水稀釋→**page** *111*。

**11** 製作醬汁。將小牛高湯倒入**10**裡熬煮。加鹽、胡椒重新調味後，過濾，再繼續加熱熬煮一下，到調味汁變得有光澤。

**12** 將**9**的肉切成個人喜好的厚度。然後，和**8**的配菜一起盛到盤中，將切碎的巴西里撒在配菜上，再淋上**11**的醬汁。

# CRÊPES AUX ENDIVES BRAISÉES ET GRATINÉES

## 焗烤可麗餅捲苦苣

## PINTADE VALLÉE D'AUGE

### 歐居谷地式燒珠雞

# CRÊPES AUX ENDIVES BRAISÉES ET GRATINÉES
## 焗烤可麗餅捲苦苣

這道焗烤的菜餚，用可麗餅包著苦苣，再淋上貝夏美醬汁 (Sauce Béchamel)，真材實料，嚼感十足。

**Les ingrédients**
**pour**
**8 personnes**
8人份

苦苣　8個
┌ 水　　300 cc
│ 奶油　20 g
└ 鹽　　少許
紅蘿蔔　1條
洋蔥　1個
培根　100 g
雞高湯→**page 105**　300 cc
調味辛香草束
**(bouquet garni)**　1束
奶油　30 g
鹽、胡椒　各適量

火腿片　8片

可麗餅麵糊：
蛋　3個
低筋麵粉　125 g
牛奶　200 cc
奶油　50 g
鹽　少許

貝夏美醬汁 (Sauce Béchamel)：
奶油　50 g
低筋麵粉　50 g
牛奶　1公升
鮮奶油　150 cc
鹽、胡椒　各適量
肉豆蔻粉　適量

格律耶爾乳酪 (Gruyère)　150 g
奶油　30 g

**1** 苦苣切除底部（外葉若有損傷，就摘除1~2片）。

**2** 將**1**排列在鍋內，加入水、奶油、鹽，蓋上小鍋蓋，預先水煮。

**3** 將**2**的苦苣放在濾網上瀝乾。

**4** 參考**page 102**，製作可麗餅麵糊。在可麗餅用平底鍋內抹上奶油未列入材料表），用長柄杓舀一瓢麵糊進去，煎到兩面都呈現漂亮的黃褐色後，就放到網架上。

**5** 切除周圍乾掉不漂亮的部分。

**6** 在湯鍋內融化適量的奶油（未列入材料表），將切成約**2mm**大小骰子狀→**page 32**的紅蘿蔔、洋蔥、培根放進去炒，注入雞高湯。

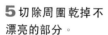

**7** 將**3**的苦苣和調味辛香草束放進**6**裡，放上**30 g**的奶油。加鹽、胡椒，蓋上小鍋蓋，用烤箱以180℃蒸煮。

**8** 將火腿放在可麗餅皮的中央，**7**的苦苣擺在靠自己的這邊，再將留在鍋內的蔬菜和培根也放一些上去。

**9** 將可麗餅皮靠自己的這端和兩側先折起來，再捲起來。然後，將捲起的尾端朝下，排列在塗抹了奶油（未列入材料表）的陶盆內。

**10** 製作貝夏美醬汁。在鍋內融化奶油，加入低筋麵粉一起炒。將牛奶一點點地加入稀釋，等到全部都加進去後，就用中火煮到變得濃稠。

**11** 用鹽、胡椒、肉豆蔻粉調味，最後，加入鮮奶油，再過濾，就完成了。

**12** 將**11**的貝夏美醬汁倒入**9**裡，整個撒上格律耶爾乳酪，**30 g**的奶油分成小塊擺上去，用烤箱以**200**℃烤**10~12**分鐘。

# PINTADE VALLÉE D'AUGE
## 歐居谷地式燒珠雞

歐居 (Auge) 在諾曼第地方，以生產蘋果白蘭地 (Calvados) 而聞名。這道菜，正是使用了蘋果和蘋果白蘭地這兩種特產所作出的當地特有菜餚。

*Les ingrédients*
*pour*
*4 personnes*
4 人份

珠雞　　1隻
洋蔥　　1個
蘋果白蘭地 (Calvados)　　100 cc
低筋麵粉　　1大匙
蘋果酒 (cidre sec)　　500 cc
雞高湯 page *105*　　500 cc
鮮奶油　　300 cc
奶油　　50 g
沙拉油　　適量
鹽、胡椒　　各適量

蘋果　　6個
　　┌ 奶油　　50 g
A　　砂糖　　2~3大匙
　　└ 鹽　　少許

巴西里 (切碎)　　適量

**1** 參考page98雞的分解方法處理珠雞，將雞胸肉、腿肉各分成2等份。在拖盤中撒上鹽、胡椒，把肉放進去，再將鹽、胡椒撒在肉的上面。

**2** 蘋果削皮，切成6~8等份，然後削圓→**page** 25。

**3** 蘋果皮和削下來的果肉屑可以用來製作醬汁，請留著備用。

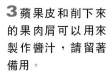

**4** 在鍋內放奶油和沙拉油，油熱了之後，就把雞肉帶皮的那面朝下，放入鍋內，將表面煎硬。

**5** 將切塊的洋蔥和**3**的蘋果皮放進**4**裡一起炒，倒入蘋果白蘭地，把酒精蒸發掉。

**6** 將低筋麵粉撒進去，稍微炒一下，再注入蘋果酒，繼續熬煮。

**7** 加入雞高湯和**3**的蘋果屑，用鹽、胡椒調味，煮30~40分鐘。

**8** 取出珠雞，裝進其他鍋內。繼續熬煮留在鍋內的湯汁，並用木杓將蘋果屑壓碎。

**9** 加入鮮奶油，熬煮一下。

**10** 加鹽、胡椒重新調味。

**11** 用濾網邊過濾**10**的湯汁，邊倒入裝著**8**的雞肉的鍋內，加熱將湯汁熬到變得濃稠，就完成了。

**12** 將A的奶油、砂糖、鹽放進平底鍋內加熱。變成焦糖狀後，將**2**的蘋果放進去炒。然後盛到裝著**11**的盤中，撒上切碎的巴西里。

# TRUITE DE MER POCHÉE SAUCE VERTE
## 海鱒冷盤配綠色醬汁

## POULET SAUTÉ BASQUAISE

巴斯克式燒雞肉

# TRUITE DE MER POCHÉE SAUCE VERTE
## 海鱒冷盤配綠色醬汁

這是一道流傳已久的冷盤。正因為既花時間，又費功夫，作好後，看起來也特別地豪華。除了海鱒之外，也可用鮭魚來做。

*Les ingrédients*
*pour*
8 *personnes*
8人份

海鱒　1條

court-bouillon湯：
紅蘿蔔　1條
洋蔥　1個
芹菜　1枝
調味辛香草束
　(bouquet garni)　1束
A 百里香　2~3枝
　月桂葉　2~3片
粗鹽、胡椒粒　各適量
水　2公升
白酒　300cc
白酒醋　125cc

綠色醬汁：
蛋黃　1個
芥茉　1大匙
A 黃檸檬汁　1個
鹽　適量
沙拉油　350cc
菠菜　300g
西洋菜　100g

裝飾：
小黃瓜　4條
櫻桃蕃茄 (切成玫瑰狀)　適量
黃檸檬 (薄片)　2個的份量
巴西里　適量

**commentaires**(注釋)：
■〔court-bouillon〕
正如其字面「短時間內煮好的液體」之意，是一種用香料蔬菜和辛香料而煮成的液體，主要用於煮魚或甲殼類海鮮。

**1** 製作court-bouillon湯。紅蘿蔔和洋蔥切成圓片，芹菜切成薄片，一起放進鍋內，加入A的材料和2公升的水、白酒、白酒醋，煮30分鐘。

**2** 參考page 97，將海鱒拔除中間的魚骨。切掉尾鰭連接魚身較硬的部分，拔除魚刺，用冷水洗淨，放在布上。

**3** 海鱒用布包起來，用繩子先將兩端綁住，再綁住3~4處後，放進裝了**1**的court-bouillon湯的煮魚專用鍋內。

**4** 加熱**3**，在沸騰的狀態下煮30分鐘。

**5** 海鱒和湯汁一起冷藏一晚。

**6** 第二天，除去包裹的布，剝掉魚皮。

**7** 用刀尖小心剔除魚背上稍微發黑的魚脂。

**8** 裝飾用的小黃瓜切成圓片，放進加了鹽（未列入材料表）的熱水裡煮，再放進冰水過涼，然後撈起瀝乾。

**9** 將**7**的海鱒放到盤中，**8**的小黃瓜像魚鱗般地從魚頭開始排列上去。

**10** 參考page 93，用A的材料製作美乃滋醬。

**11** 水煮菠菜、西洋菜，再用冰水冷卻。瀝乾後，用果汁機打，等變成糊狀後，再用細孔濾網過濾。

**12** 將**11**加入**10**裡混合，製作綠色醬汁。將切成玫瑰狀的櫻桃蕃茄放到鱒魚上，擺上黃檸檬薄片、巴西里，綠色醬汁裝到其他的容器中，一起擺上桌。

# POULET SAUTÉ BASQUAISE
## 巴斯克式燒雞肉

這道菜，使用了靠近西班牙的巴斯克地區 *(Pays Basque)* 盛產的 *Jambon de Bayonne* 生火腿，烹調的訣竅，
就在於用火腿本身所具有的特殊風味來調味。

*Les ingrédients*
*pour*
4 *personnes*
4 人份

雞 (1.5kg)　1隻
生火腿(Jambon de Bayonne)　8片
橄欖油　適量

裝飾配菜：
洋蔥(薄片)　200 g
大蒜(切碎)　3瓣
濃縮蕃茄醬　1大匙
白酒　100 cc
蕃茄切丁→**page** 37　400 g
小牛高湯→**page** 106　300 cc
調味辛香草束(bouquet garni)　1束
紅甜椒　2個
青椒　2個
橄欖油　2大匙

馬鈴薯　大4個
沙拉油　適量
奶油　20 g
鹽　適量

鹽、胡椒　各適量

**1** 參考**page** 98，分解整隻雞，雞胸肉切成3等份，雞腿切成2等份。

**2** 用生火腿將**1**捲起來，再用牙籤固定。

**3** 在平底鍋內放橄欖油加熱，將**2**的表面稍微煎到變硬，再移到其他的湯鍋內。

**4** 將洋蔥和大蒜放進**3**的平底鍋內炒，再加入濃縮蕃茄醬一起炒，去酸味後，倒入白酒熬煮。

**5** 依序加入蕃茄切丁、小牛高湯、調味辛香草束，煮到沸騰後，倒入**3**裝著肉的鍋內，用小火熬煮。

**6** 青椒以及紅甜椒切成細長條狀，用橄欖油炒，再加進**5**裡，熬煮30-40分鐘。

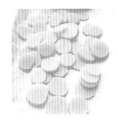

**7** 馬鈴薯削皮，切成3mm厚的圓片(bouchon)→**page** 21，再洗淨，瀝乾。

**8** 在平底鍋內放沙拉油加熱，用中火炒**7**的馬鈴薯。炒熟後，放到網架上瀝油。

**9** 將馬鈴薯放回平底鍋內，改用奶油炒，再用鹽調味。

**10** 等到**6**煮好後，就取出調味辛香草束。

**11** 將雞肉從**10**的鍋內取出，拔掉肉上的牙籤，和**9**的馬鈴薯一起盛到盤中。鍋內的湯汁，再熬煮一下，加鹽、胡椒重新調味，就可以作為醬汁，淋在雞肉上。

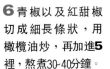

# HADDOCK À LA FLORENTINE
## 佛羅倫斯式燻鱈魚

# CANARD À L'ORANGE

## 橙汁烤鴨

# HADDOCK À LA FLORENTINE
## 佛羅倫斯式燻鱈魚

作為配菜用的水波蛋 (œuf poché)，要在蛋黃煮熟前就取出。濃稠的蛋黃混在醬汁裡，是這道菜之所以好吃的一大秘訣。

*Les ingrédients*
*pour*
*4 personnes*
4人份

鹽漬鱈魚 (已切好的魚塊也可以)　500g
牛奶　500cc
水　500cc
碎白胡椒粒　1小撮
百里香、月桂葉　各適量

裝飾配菜：
蛋　4個
水　適量
醋　3大匙

菠菜　500g
奶油　50g
大蒜 (切碎)　1瓣
鹽、胡椒　各適量

醬汁：
奶油　30g
低筋麵粉　10g
雞高湯→**page** *105*　100cc
牛奶　250cc
鹽、胡椒、肉豆蔻粉　各適量
奶油　30g
水煮蛋　1個
切碎的巴西里　1大匙

香葉芹 (裝飾用)　適量

櫻桃木薄片　適量

**commentaires**（注釋）：
■預先準備燻製用的道具準備較大的平底鍋，或在湯鍋內舖鋁箔紙。放進櫻桃木薄片，將網架放上去。用一個和平底鍋直徑相同的不銹鋼攪拌器，內舖鋁箔紙，當作鍋蓋使用。切記若是容器比平底鍋小，在燻製時，煙就會跑掉。

**1** 用容器當鍋蓋，蓋在預備用來作燻製的平底鍋上，加熱使櫻桃木薄片的香味散發出來。

**2** 鹽漬鱈魚拔除魚刺，剝皮，切成塊狀。

**3** 掀開**1**的鍋蓋，將鹽漬鱈魚排列在網架上，再蓋上鍋蓋，煙燻12-15分鐘。

**4** 將牛奶、水、碎的白胡椒粒、百里香、月桂葉放進鍋內，加熱。

**5** 將水和醋放進其他鍋內，加熱到沸騰。將爐火調小，把蛋一個個打進去，製作水波蛋 (œuf poché)。要在蛋黃凝固前就取出。

**6** 菠菜洗淨，去莖。在鍋內放奶油、切碎的大蒜，炒菠菜，再加鹽、胡椒調味。

**7** 將**3**的煙燻鱈魚放進**4**的鍋內，慢慢加熱，不要讓湯煮到沸騰。

**8** 製作醬汁。在鍋內融化奶油，炒低筋麵粉，製作白色麵糊 (**roux blanc**)。再將冷的雞高湯一點點地倒進去，稀釋白色麵糊。

**9** 加入牛奶，煮一下，增高濃度。

**10** 變濃後，就用濾網過濾。

**11** 加入鹽、胡椒、肉豆蔻粉調味。最後，加入30g的奶油勾芡→**page** *24*。

**12** 水煮蛋用濾網過篩後，和切碎的巴西里一起放進**11**裡。將**6**的菠菜舖在盤上，再擺上**7**的鹹鱈魚和**5**的水波蛋，淋上醬汁，用香葉芹裝飾。

# CANARD À L'ORANGE
## 橙汁烤鴨

這道菜，是風味獨具的鴨肉，加上酸甜的水果醬汁所成的組合，可說是搭配得恰到好處。

*Les ingrédients pour*
*4~6 personnes*
4~6 人份

鴨 (1.8kg)　1隻
奶油　50g
鹽　適量
沙拉油　適量

A ┌ 紅蘿蔔　1條
　│ 洋蔥　1個
　└ 芹菜　1枝
百里香、月桂葉　各適量
鹽、胡椒　各適量

酸橙醬汁 (sauce bigarade)：
柳橙　4個
水　30cc
砂糖　50g
葡萄酒醋　25cc
柳橙汁　1/2公升
黃檸檬汁　1個的份量
小牛高湯→page 106　300cc
鹽、胡椒　各適量
Grand Marnier酒　25cc
奶油　50g

裝飾配菜：
柳橙 (圓切片)　4個的份量

油炸馬鈴薯泡芙：
馬鈴薯　1kg
泡芙麵糊
　┌ 水　125cc
　│ 奶油　50g
　│ 鹽　3g
　│ 低筋麵粉　75g
　└ 蛋　2個
炸油　適量

f i n i t i o n (最後裝飾)：
■將烤鴨盛到盤中，周圍淋上酸橙醬汁 (sauce bigarade)，再擺上柳橙圓切片。油炸馬鈴薯泡芙裝進其他盤皿內，再一起端上餐桌。

**1** 參考page 100，處理整隻鴨，再用繩子固定。然後，在整隻鴨上塗抹奶油，撒上鹽。

**2** 在大湯鍋內放沙拉油加熱，將**1**的鴨腿面朝下先煎，然後，進烤箱以240℃烤15~20分鐘。

**3** 不時地用油汁從上往下澆，翻面後，再烤15-20分鐘。此時，將切成調味用辛香蔬菜→page 45的A、百里香、月桂葉放進去，加鹽、胡椒。

**4** 製作酸橙醬汁。柳橙皮切成長約4~5cm的細長條→page 32，先用水煮，再放進冰水過涼。柳橙的果肉分切成小瓣。

**5** 將水和砂糖放進鍋內，製作焦糖。加入葡萄酒醋稀釋→page 111，繼續熬煮。

**6** 然後，加入柳橙汁和現榨黃檸檬汁熬煮後，再加入小牛高湯。

**7** 等到**3**的鴨肉烤好後，就移到舖著網架的托盤上瀝油，暫放在溫暖的地方備用。留在鍋內的食材倒進濾網中，瀝掉多餘的油，再倒回鍋內。

**8** 將100cc的水加入7的鍋內稀釋，然後，邊過濾，邊倒入**6**裡。

**9** 將Grand Marnier酒倒入**8**裡混合。

**10** 將**4**的柳橙皮和果肉放進其他鍋內，過濾**9**的調味汁，倒進去，重新加鹽、胡椒。最後，加入50g的奶油勾芡→page 24。

**11** 製作油炸馬鈴薯泡芙。先水煮馬鈴薯，過篩成薯泥狀，再參考page 80，製作泡芙麵糊，然後，一起混合。

**12** 將**11**裝入擠花袋內，一點點地擠到180℃的熱油中油炸。等到變成黃褐色，就撈起，放到廚房用紙巾上瀝油。

CRÈME DE LENTILLES

綠扁豆奶油濃湯

LONGE DE PORC ÉTUVÉE AU CHABLIS ET PRUNEAUX
夏伯里白酒風味乾李燉豬腰肉

# CRÈME DE LENTILLES
## 綠扁豆奶油濃湯

這道湯，隱藏了培根微妙的香味，還散發出濃濃的奶油香。

*Les ingrédients*
*pour*
*4 personnes*
4人份

扁豆　　200g
洋蔥　　1/2個
韭蔥　　1/2枝

調味辛香草束
(**bouquet garni**)　1束
培根　　150g
雞高湯→**page** *105*　1公升
鮮奶油　300cc
鹽、胡椒　各適量
奶油　　20g

油炸吐司：
吐司(薄片)　4片
澄清奶油　200g

**finition**(最後裝飾)：
■湯裝到容器內後，再用鮮奶油劃成漩渦狀來裝飾。油炸吐司裝入其他容器內，一起上桌。

**1** 將扁豆、洋蔥、韭蔥、調味辛香草束、培根、雞高湯放進鍋內，用中火煮約20分鐘。

**2** 製作油炸吐司。將吐司邊切掉後，先切成棒狀，再切成1cm的骰子狀。

**3** 在平底鍋內放澄清奶油加熱，將**2**放進去，炸到變成金黃色。

**4** 將**3**放到濾網上，瀝掉多餘的油，再攤開在廚房用紙巾上。

**5** 取出**1**的辛香蔬菜、培根。

**6** 將**5**的扁豆和湯汁一起倒進蔬菜研磨過濾器內過濾。也可用果汁機打到變細。

**7** 將**6**放進其他鍋內加熱，加入鮮奶油。

**8** 加入鹽、胡椒調味，然後再次過濾。

**9** 再次將**8**加熱到沸騰，並撈掉浮沫。然後，加入20g的奶油勾芡→**page** *24*，奶油濃湯就完成了。

# LONGE DE PORC ÉTUVÉE AU CHABLIS ET PRUNEAUX
# 夏伯里白酒風味乾李燉豬腰肉

「étuvée」是指用少量的湯汁來燜煮的一種料理法，可以讓素材在加熱後仍不失原味。

*Les ingrédients*
*pour*
*6 personnes*
6 人份

豬腰肉　2 kg
鹽、胡椒　各適量

餡料：
雞胸肉　1 片
蛋白　1 個
鮮奶油　120 cc
乾李 (pruneau)　200 g
鹽、胡椒　各適量
沙拉油、奶油　各適量

紅蘿蔔　1 條
洋蔥　1 個
芹菜　1 枝
韭蔥　1 枝
大蒜　1 瓣
夏伯里白酒 (Chablis)　200 cc
蕃茄切丁→page 37　2 個的份量
小牛高湯 page →page 106　500 cc
調味辛香草束 (bouquet garni)　1 束
鹽、胡椒　各適量

醬汁 (最後完成時用)：
鮮奶油　200 cc
奶油　20 g
乾李　100 g

巴西里　適量

**1** 將豬腰肉表面的肥肉切除，先將肉從中間切開但不要切斷，再往兩側橫切，以增加表面積，並且盡量保持一樣的厚度，直到理想的薄度。

**2** 製作餡料。除去雞胸肉的皮，切成適度的大小，和蛋白、鹽、胡椒一起放進食物處理機裡攪。

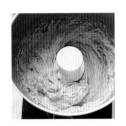

**3** 攪到變得滑順後，用濾網過篩，裝進容器內，底部隔著冰水，加入鮮奶油拌勻。

**4** 在**1**的表面上撒鹽、胡椒，用抹刀將**3**的餡料塗抹上去，並將乾李排列在要開始捲的那一邊上。

**5** 將**4**捲起一捲後，再次將乾李排列上去，再捲，然後，不斷重複同樣的步驟，直到整個捲完。

**6** 等到**5**的肉捲完後，就用棉線綁住。

**7** 在平底鍋內放沙拉油和奶油加熱，將**6**煎到表面變硬，再移到湯鍋內。

**8** 將切成調味用辛香蔬菜→page 45 的紅蘿蔔、洋蔥、芹菜、韭蔥、大蒜放進**7**的平底鍋內，炒到變軟。

**9** 注入夏伯里白酒稀釋→page 111，熬煮一下，再加入蕃茄切丁、小牛高湯、調味辛香草束。

**10** 煮到沸騰後，加入鹽、胡椒，倒入7裝肉的湯鍋內，用烤箱以200℃烤約1個小時。等到肉烤熟後，就取出，放在網架上。

**11** 製作醬汁。過濾**10**的湯汁，加入鮮奶油，熬煮一下，再加入20g的奶油勾芡→page 24。

**12** 將乾李放進**11**裡，醬汁就完成了。將**10**的肉切開，盛到盤中，再淋上醬汁，用巴西里裝飾。

# SAUCISSON EN BRIOCHE
## 香腸皮力歐許

# TOURNEDOS HENRI IV
## 亨利4世式菲力牛排

# SAUCISSON EN BRIOCHE
## 香腸皮力歐許

在皮力歐許麵包內，夾著蒜味香腸，既是麵包，也可以當前菜吃。

*Les ingrédients*
*pour*
*8 personnes*
8人份

法式蒜味香腸　1條
芥末　3大匙
蛋液　適量

皮力歐許麵糰：
高筋麵粉　500g
蛋　5個
牛奶　3大匙
活酵母菌　18g
砂糖　60g
鹽　10g
奶油　250g

馬得訶醬汁 (Sauce Madère)：
馬得訶酒 (Madère)　100cc
小牛高湯→page 106　300cc
奶油　40g
鹽、胡椒　各適量

巴西里　適量

**finition** (最後裝飾)：
■將**10**切成2cm的厚片，盛到盤中，淋一點馬得訶醬汁，用巴西里裝飾。

**1** 在模型內塗抹奶油（未列入材料表），放進冰箱內冷藏備用。

**2** 參考**page** 104，製作皮力歐許麵糰，用擀麵棍擀開成2-3mm厚的麵皮。

**3** 用芥末塗抹整個香腸。

**4** 將**3**的香腸放在**2**靠近自己這邊的麵皮上，撒些高筋麵粉（未列入材料表）。

**5** 將**3**捲一圈，用毛刷在捲起的末端塗上蛋液，用來沾黏固定。

**6** 將**5**的兩端封起來，切掉多餘的麵皮。

**7** 整理**6**的形狀，將捲起的末端朝下，放進**1**的模型內。

**8** 用毛刷將蛋液塗抹在麵皮的表面，放在溫暖的地方約40分鐘，讓它發酵。

**9** 用剪刀在**8**上面剪出裝飾紋，用毛刷再塗一次蛋液，用烤箱以180℃烤約30分鐘。

**10** 等到表面烤成漂亮的金黃色，就完成了。

**11** 製作馬得訶醬汁。將馬得訶酒放進鍋內，熬煮到變成像糖漿的狀態。再加入小牛高湯，繼續熬煮，然後加鹽、胡椒調味。

**12** 加入40g的奶油勾芡→**page** 24，再過濾，馬得訶醬汁就完成了。

# TOURNEDOS HENRI IV
# 亨利4世式菲力牛排

這道牛排的名稱，取自於藍帶王朝時代的法國國王亨利4世，而配上馬鈴薯和貝阿奈滋醬汁 (sauce béarnaise)，是它的一大特徵。

*Les ingrédients*
*pour*
*4 personnes*
4 人份

菲力牛排肉 (3cm厚的
圓筒狀肉塊)　4塊
鹽、胡椒　各適量
沙拉油　適量

吐司 (薄片)　4片
奶油　適量

朝鮮薊　4個
└ 水　適量
　黃檸檬汁　1/2個的份量
└ 低筋麵粉　2大匙
馬鈴薯　6個
奶油　80g
鹽　適量
沙拉油　適量

貝阿奈滋醬汁 (sauce béarnaise)：
紅蔥頭　1個
龍蒿 (estragon)　1束
香葉芹　1束
白酒醋　70cc
白酒　70cc
碎黑胡椒粒
　(poivre mignonette)　1小撮
蛋黃　3個
水　3大匙
澄清奶油　180g

西洋菜　1束

**finition** (最後裝飾)：
■將**12**的菲力牛排放在**2**的麵包上，盛到盤中，淋上**10**的貝阿奈滋醬汁，再擺上**7**的馬鈴薯、朝鮮薊、西洋菜。

**1** 菲力牛排的周圍用棉線綁住，固定形狀，放在室溫下約30分鐘。

**2** 吐司用直徑7cm的圓形切模切成圓形，塗上奶油，用烤箱以150℃烘烤兩面。

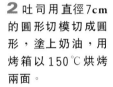

**3** 參考**page** *101*，預先處理朝鮮薊。用水、黃檸檬汁溶解低筋麵粉，放進鍋內，煮朝鮮薊。煮到刀尖可以輕易地切進去的硬度，就連同煮汁一起放著讓它冷卻。

**4** 朝鮮薊在使用前要先洗淨，去除粘液，和20g的奶油、少量的水一起放進鍋內加熱。冷卻後，用湯匙將中央部分的纖毛挖除。

**5** 用挖圓器將馬鈴薯挖成圓球狀，先水煮過備用。

**6** 在平底鍋內放沙拉油加熱，煎馬鈴薯球，等到變成漂亮的金黃色，熟透後，就將油倒掉，換用30g的奶油煎馬鈴薯球，再撒上鹽。

**7** 在平底鍋內融化30g的奶油，將**4**的朝鮮薊放進去，用**6**的馬鈴薯填塞，然後加熱。

**8** 參考**page** *92*，製作貝阿奈滋醬汁。將切碎的紅蔥頭、1/2量切碎的龍蒿、白酒醋、白酒、碎黑胡椒粒放進鍋內加熱，直到燒乾。

**9** 將蛋黃和水放進攪拌器內，加入**8**，底部隔水加熱打發。變白後，將澄清奶油像絲帶般地注入進去，使它乳化。

**10** 過濾**9**後，加入切碎的巴西里和剩餘切碎的龍蒿。

**11** 在**1**的菲力牛排要烤之前，先撒上鹽、胡椒，沾滿沙拉油。

**12** 加熱烤架，將**11**的牛肉烤出漂亮的格紋。只要將最初放肉的角度再轉個90度繼續烤，就可以烤成漂亮的十字格紋了。

餐後甜點，是套餐(menu)中不可或缺的構成要素，也是在生活中，例如慶典等特殊的時刻裏，一種令人期待的生活情趣。

近年來，香料蛋糕(pain d'epices)、巴斯克蛋糕(gâteau basque)、達當蘋果塔(Tarte Tatin)、巴黎-沛斯特泡芙(Paris-Brest)、千層派(mille-feuille)等許多法國的地方性點心，越來越常在我們的餐桌上出現。相對於這些作為茶點用的點心，套餐中的餐後甜點，也是法式點心中的重要一環。接下來要為您介紹的7種餐後甜點，都是法國家庭中自古相傳的點心，無論是哪1種，若是出現在餐後甜點的菜單上，只要是法國人，想必一定會毫不遲疑地點選吧？

# 搭配容易的基本餐後甜點 (dessert)

在此所為您精心挑選的餐後甜點，無論是哪一種，都是能夠
將素材的原味充分發揮出來，簡單易作的點心，和其他菜餚
的搭配也都恰到好處，既不會太奢華，也不會太遜色。畢
竟，在享用了一頓美食之後，如果餐後甜點過於粗糙，那就
很令人惋惜了。反之，若是投注過多的心血在甜點上，主菜又很容易就會被比了下去，徒增自己的困擾。法國料理的構成，取決於前菜、魚、肉料理之間是否能夠取得良好的平衡。因此，請不要將「甜」點從菜單中獨立出來，認為它只是一項附屬品而已。要依照剛吃完的料理，去選擇無論是在味道，或風味上，都可以發揮作用，補其不足的甜點。

雖然這些都是餐後甜點，但就製作點心的基本原則而論，卻是相同的。在製作前，要量好食材的正確份量，並準備好將使用的道具。掌握時機，巧手製作，更是作出美味點心的一大訣竅。文中所示的烤箱溫度、所需時間，僅供參考，請您依照自己家中使用的烤箱性能，作適度的調整，好好享受製作美味點心的樂趣。

# POIRES AU VIN ROUGE, GLACE VANILLE
## 紅酒洋梨配香草冰淇淋

這是一道紅酒相當入味，風味十足的甜點。只要到了洋梨盛產的季節，就一定會出現在甜點的名單中。

*Les ingrédients*
*pour*
*6 personnes*
6人份

洋梨　　6個
紅酒　　1.5公升
砂糖　　200g
肉桂棒　　1枝
香草莢　　1枝
柳橙皮　1個的份量
黑胡椒粒　　10粒

乾李　　12個

香草冰淇淋：
牛奶　　300cc
香草莢　　1枝
蛋黃　　4個
砂糖　　120g

**commentaires**（注釋）：
■香草冰淇淋的作法
將牛奶和香草放進鍋內加溫。將蛋黃和砂糖放進攪拌器內，充分地混合後，注入牛奶充分混合。然後，倒回鍋內，再次加熱到湯汁變得濃稠，可以沾黏在木杓上的狀態時，就用濾網過濾，隔冰水散熱冷卻。等到完全變涼後，再放進冰淇淋機內攪拌製冰。

**1** 將紅酒、砂糖放進鍋內，肉桂棒折斷後，也一起放進去。

**2** 剖開香草莢將香草籽取出，連同香草莢一起放進**1**裡。

**3** 將柳橙皮、胡椒粒放進**2**裡加溫。洋梨削皮，對半縱切，去芯後，也一起放進去。

**4** 將乾李放進**3**裡，蓋上烤盤紙充當鍋蓋方便觀察鍋裡的狀況，用中火煮20~25分鐘。

**5** 等到洋梨煮到用刀尖可以輕易切入的狀態，就移到舖了網架的拖盤上，讓它冷卻。湯汁用濾網過濾。

**6** 再熬煮湯汁，製作醬汁。將**5**的洋梨切成薄片，和乾李一起盛到盤中，淋上醬汁，擺上香草冰淇淋。

# ŒUFS À LA NEIGE
# 雪花蛋奶

這是一道善用剩餘的蛋白，簡單易做的點心。亦是自古至今，總是保持著原貌的法式餐後甜點。

*Les ingrédients*
*pour*
4~6 *personnes*
4~6 人份

蛋白　4 個
砂糖　125 g

英式奶油汁 (crème anglaise)：
牛奶　500 cc
香草莢　1/2 枝
蛋黃　6 個
砂糖　130 g

焦糖和最後的修飾：
砂糖　200 g
水　少許
杏仁片　30 g

薄荷葉　適量

**1** 製作英式奶油汁。將牛奶放進鍋內加熱，縱切香草莢，取出香草籽後，連同荳莢整個放進鍋內加溫。

**2** 將蛋黃、砂糖放進攪拌盆內，用攪拌器打發到變白。

**3** 將**1**的牛奶倒入**2**裡混合。

**4** 將**3**倒回鍋內，繼續加熱。

**5** 用中火慢慢地加熱到湯汁變濃到可以沾黏在木杓上的狀態。

**6** 用濾網將**5**過濾到另一個攪拌盆內。

**7** 將**6**的底部隔著冰水散熱。

**8** 製作蛋白霜 (meringue)。先用攪拌器攪開蛋白，分3~4次加入砂糖。

**9** 打發到呈立體狀。

**10** 將水、牛奶(兩者均未列入材料表)，以同樣的份量比例放進鍋內加溫(不要加熱到沸騰)，用兩支湯匙將**9**作出橄欖形狀，讓它浮在上面煮。

**11** 用手指輕壓，若已凝固了，就翻面再煮。煮熟了以後，就撈起，放在舖了布的網架上。

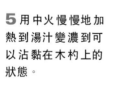

**12** 將砂糖放進鍋內加熱，製作焦糖，並在快煮好時，加水進去降溫。杏仁片用烤箱稍微烤一下。將**11**盛到盤中，淋上**7**的英式奶油汁和焦糖，撒上杏仁片，擺上薄荷葉作裝飾。

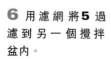

# PROFITEROLES SAUCE CHOCOLAT
## 冰淇淋夾心泡芙淋巧克力醬

這道甜點，將泡芙、香草冰淇淋、巧克力，這三種受到大眾喜愛的食材集中到同一張盤裡，趣味橫生。

*Les ingrédients*
*pour*
8 *personnes*
8人份

泡芙麵糊：
水　125cc
奶油　50g
鹽　5g
砂糖　30g
低筋麵粉　75g
蛋　2個
蛋液　1個

甘那許 (ganache)：
苦甜巧克力　100g
鮮奶油　200g

香草冰淇淋：
牛奶　500cc
鮮奶油　250cc
蛋黃　7個
砂糖　125g
香草莢　1枝

糖粉　適量

**c o m m e n t a i r e s**（注釋）：
■參考**page** 76，製作香草冰淇淋。不同的是，在此要將鮮奶油和牛奶一起加溫。

**1** 製作泡芙麵糊。將水、奶油、鹽、砂糖放進鍋內一同加熱。

**2** 等到奶油融化，水沸騰了以後，就加入已過篩的低筋麵粉混合，不斷地攪拌使水氣蒸發掉。

**3** 麵糊成團後，就移到攪拌盆中，將一個蛋地打進去，拌到看不見蛋時再打一個蛋進去。

**4** 用木杓充分混合到變得滑順為止。

**5** 將**4**的麵糊裝進裝有直徑1cm擠花嘴的擠花袋內，擠出約3cm大小的圓球到不沾烤盤上。

**6** 用毛刷將蛋液塗抹到**5**的表面上。

**7** 將**6**用烤箱以180℃烤20~25分鐘。

**8** 製作甘那許。將削成薄片的巧克力放進攪拌盆中，隔水加熱融化。然後，慢慢地加入溫過的鮮奶油混合。

**9** 等到**7**的泡芙烤好後，就放置到完全冷卻。然後，將泡芙對半切開，中間擠入冰淇淋作夾心。

**10** 將糖粉撒在**9**上後，盛到盤中，再淋上**8**的甘那許。

# TARTE AU SUCRE
# 糖塔

這是一種饒富紅糖特殊的風味，是一種溫和香醇而且樸實的塔。

*Les ingrédients*
*pour*
*8 personnes*
8人份

〈直徑22cm塔模1個的份量〉
塔皮：

高筋麵粉　　250g
砂糖　35g
鹽　5g
活酵母菌　10g
奶油　80g
蛋　2個
水　50cc

蛋液　適量

料糊 (appreil)：
紅糖　30g
蛋黃　3個
鮮奶油　150cc

紅糖　40g
杏桃鏡面果膠
(nappage d'abricot)　50g
珍珠砂糖　100g

**commentaires**(注釋)：
■杏桃鏡面果膠 (nappage d'abricot)
是將杏桃果醬過濾後所得。

**1** 製作塔皮。將篩過的高筋麵粉、砂糖、鹽、酵母菌放進攪拌盆內，奶油捏碎後，也一起放進去。

**2** 用雙手搓砂般地混合**1**，直到變成砂狀。

**3** 加入蛋和水混合。

**4** 等麵糰混合好後，就整理成一個麵糰。

**5** 桌上撒些麵粉(未列入材料表)，揉麵糰。

**6** 將麵糰揉成圓形，放進撒了麵粉的攪拌盆內，用保鮮膜蓋上，放進冰箱冷藏1個小時。

**7** 製作塔皮。將麵糰擀開成比塔模大一圈的大小。用擀麵棍將塔皮放到塗抹了奶油(未列入材料表)的塔模上。

**8** 周圍用手押出2~3cm的邊緣，再用擀麵棍滾過，以切除多餘的塔皮。

**9** 在邊緣部分塗上攪開的蛋液，撒上適量的珍珠砂糖，暫放溫暖的地方讓它稍微發酵一下。

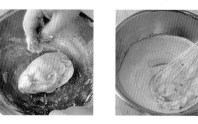

**10** 製作料糊。將紅糖、蛋黃放進容器中，打發到變白，再加入鮮奶油混合。

**11** 將**10**倒入**9**塔的裡面，在表面整個撒上40g的紅糖。

**12** 用烤箱以170~180℃烘烤**11**。烤好後，在整個塔的表面上塗抹杏桃鏡面果膠，邊緣撒上裝飾用珍珠砂糖。

# CHARLOTTE AUX POMMES
## 蘋果夏荷露特

「夏荷露特」這個名稱,是英王喬治3世的御用廚師,為了對王妃夏荷露特 (Charlotte) 表達敬意而取的。

*Les ingrédients*
*pour*
*6 personnes*
6 人份

〈上部的直徑為12cm的
夏荷露特模2個的份量〉
蘋果(Golden品種)　8個
奶油　100g
砂糖　80g
肉桂粉　少許
杏桃鏡面果膠
(nappage d'abricot)→page 82
(依個人喜好)　100g
麵包粉　50g

吐司(薄片)　14片
融化奶油　100g

杏桃鏡面果膠
(nappage d'abricot)　50g
水　少許
櫻桃酒 (kirsch)　50cc

奶油香醍(Crème Chantilly)：
鮮奶油　100cc
砂糖　10g
蘋果白蘭地(Calvados)　10cc

薄荷葉　適量

**commentaires**(注釋)：
■奶油香醍 (Crème Chantilly)的作法
將鮮奶油、砂糖放進攪拌盆內,底
部隔著冰水打發。稍微打發呈立體
狀後,就加入蘋果白蘭地。

**1** 蘋果削皮,對半切開後,去芯,切成薄片。

**2** 在平底鍋內融化奶油,煎蘋果薄片。

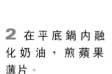

**3** 等蘋果變軟後,就加入砂糖、肉桂粉、櫻桃白蘭地混合。

**4** 加入麵包粉,混合後,就移到攪拌盆內備用。

**5** 在夏荷露特模的內側塗抹融化奶油,底部舖上烤盤紙。

**6** 用直徑10cm的圓型切模,將1片吐司切割成圓片,再切成6等份。

**7** 將**6**排列在模型底部,塗抹上融化奶油。

**8** 將6片吐司的邊切掉,配合模型的高度切除多餘的部分。然後,將每片吐司切成3等份。

**9** 在**8**上塗抹融化奶油,同時將每片稍微重疊地排列在**7**的模型內側。

**10** 用湯匙將**4**分成3次壓塞進**9**裡。因為烤好後會縮水,所以,請多塞一點。在表層塗抹些融化奶油,敲2~3次,讓裡面的空氣跑出來。

**11** 將杏桃鏡面果膠和少量的水放進鍋內煮沸,再從爐火移開,加入櫻桃白蘭地。

**12** 將**10**用烤箱以180℃烤約30分鐘後,脫模,用毛刷將**11**的杏桃鏡面果膠塗抹上去後,盛到盤中。將奶油香醍裝到擠花袋內,擠花作裝飾,再擺上薄荷葉。

# GÂTEAU DE RIZ ET CRÈME ANGLAISE
## 法式米糕佐英式奶油汁

在日本被用來作為主食的米，只要用牛奶煮過，就成了一道法國的傳統式甜點。

*Les ingrédients*

*pour*

*8 personnes*

8人份

〈直徑7cm夏荷露特模6個的份量〉

米　120g

牛奶　500cc

香草莢　1枝

柳橙皮屑　1個的份量

鹽　1小撮

砂糖　100g

奶油　30g

鮮奶油　1大匙

葡萄乾(用蘭姆酒先浸漬)　25g

蛋黃　2個

焦糖：

砂糖　100g

水　30cc

英式奶油汁(crème anglaise)：

牛奶　500cc

香草莢　1/2枝

蛋黃　5個

砂糖　100g

**finition**(最後裝飾)：

■將原本脫模後會流出的焦糖裝入盤內，和英式奶油汁一起當作雙色醬汁來使用也不錯(參考照片)。

**1** 米用水煮熟。沸騰後，將熱水倒掉，用水洗過，再用濾網撈起。

**2** 製作焦糖。將砂糖放進鍋內加熱，煮成焦糖，再加水降溫。

**3** 將**2**倒入6個夏荷露特模內，在底部和側面作成厚度均勻的膜。然後，就放著讓它冷卻。

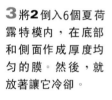

**4** 將牛奶、香草莢(對半縱切後，取出香草籽)、香草籽、磨成屑的柳橙皮、鹽放進鍋內加熱。

**5** 等到**4**變熱後，將**1**的米放進去煮，小心不要煮焦了。

**6** 米變軟後，加入砂糖，再稍微煮一下。

**7** 取出香草莢，將米移到攪拌盆中，加入奶油混合。

**8** 依序加入鮮奶油、葡萄乾、蛋黃混合。

**9** 將**8**裝進**3**的模型內，用湯匙將上面壓平。

**10** 倒入夏荷露特模一半高度的熱水，以隔水加熱的方式，用烤箱以170℃烤20~30分鐘。

**11** 在攪拌盆內裝冰塊，等到**10**烤好後，就放進去冰。

**12** 參考**page** 78，製作英式奶油汁。等到**11**冰涼後，脫模，和英式奶油汁一起盛到盤中。

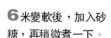

# TARTE AU FROMAGE BLANC
## 白乳酪塔

按脂肪含量的高低可以區分許多種的白乳酪。若是您偏好較濃厚的口味，不妨使用脂肪含量高的白乳酪來做。

*Les ingrédients*
*pour*
*12 personnes*
12人份

〈直徑22cm塔模1個的份量〉
甜酥麵糰：

低筋麵粉　300g
奶油　150g
糖粉　150g
蛋黃　3個
水　1大匙
鹽　1小撮
香草糖　1小撮

料糊 (appreil)：
白乳酪 (脂肪含量40%)
　　400g (脫水狀態的重量)
砂糖　60g
香草糖　少許
蛋黃　3個
檸檬皮屑　1個的份量
玉米粉　40g
白葡萄乾　50g
蛋白　3個
砂糖　65g

糖粉　適量

**commentaires**(注釋)：
■製作甜酥麵糰
將篩過的糖粉、鹽、香草糖加入室溫下融化的奶油中，充分混合。再加入蛋黃和水混合，等到變成乳狀後，加入篩過的低筋麵粉，稍微混合一下，整理成一團，放進冰箱冷藏至少1個小時。
■將買來的白乳酪放在舖了紗布 (可在藥房買到) 的篩網上，放進冰箱冷藏一晚，讓它脫水。

**1** 製作甜酥麵糰。在塔模內塗上奶油 (未列入材料表)，將塔皮擀得比模大些，放到模的上面，用手押側面，讓它貼在模上。

**2** 用擀麵棒滾過，切除多餘的部分，整理形狀後，放進冰箱冷藏，讓它變硬一點。

**3** 在**2**的麵皮上舖烤盤紙。將鎮石或乾燥過後的豆類放進去，用烤箱以180℃烤15~20分鐘。

**4** 製作料糊。先將白乳酪的水分瀝乾。

**5** 將**4**放進攪拌盆中，加入砂糖、香草糖，用攪拌器混合。

**6** 將蛋黃加入**5**裡混合，再依序邊加入磨成屑的檸檬皮、玉米粉，邊混合。

**7** 將白葡萄乾加進**6**裡混合。

**8** 將蛋白和砂糖放進其他的容器中，打發到呈立體狀的程度。

**9** 將**8**加入**7**裡，用橡皮刮刀迅速地拌合一下。

**10** 取出烘烤**3**時所用的鎮石或乾燥過後的豆類。

**11** 將**9**倒入**10**裡，用烤箱以180℃烘烤。

**12** 烤到變成漂亮的金黃色時，就是烤好了。放在網架上讓它變涼後，在上面撒滿糖粉，切塊，然後盛到盤中。

做法國料理時，是不可能省略掉基本技巧等步驟的。正因為法國料理有其彷彿與生俱來的基礎，今日的法國料理，才得以保存其聞名於世的品質。蔬菜、魚、肉等的切法，或加熱的方法，以及料理的程序等等，都是經過相當嚴密的思考後所得的智慧結晶。牢記料理時的基礎，也是作出美味菜餚的一大關鍵。因為，即使備齊了品質良好的食材，若是沒有發揮食材美味的技巧，就會功虧一潰。仔細思考食材的用途，依據此去遵循基本技巧，作預先處理的動作。例如：在魚身內填塞餡時，若從魚腹切開，在料理的過程中，

# 法國料理的基本技巧

餡就會流出來，使整條魚肉，如果在預先處理的階段為脂肪大量流失，而使肉類會依形狀、顏色、風味、料理的方式，以發揮出蔬菜各自的原味。變形。需長時間熬煮或是烤就切除過多的肥肉，就會因變得過於乾燥。另外，蔬菜質地的不同，而改變處理和在處理魚或肉的時候，要格外地注意衛生方面的問題。剛切過魚或肉的砧板，就不要繼續用來切蔬菜或水果。使用前，一定要先洗乾淨，消毒。事先準備各個專用的砧板，也是個不錯的方法。接下來，要為您介紹的就是幾種做法國料理時，不可或缺的代表性基本食材預先處理技巧。請依用途的不同，將食材的各種預先處理、準備方式牢記在心。除了各種因應不同食材的基本處理技巧之外，高湯和醬汁也是一樣重要。高湯方面，要為您介紹的有雞高湯、小牛高湯、魚高湯的作法。醬汁方面，要為您介紹的有貝阿奈滋醬汁、荷蘭醬汁、美乃滋醬的作法。無論是哪一種，都是作法國料理時缺一不可的基本常識。其實，只要能夠作出美味的高湯，就必然可以作出美味的醬汁。高湯可以冷凍保存，所以，您可以在有空的時候作多一點起來放著，以備不時之需。

# LES SAUCES
# 醬汁

若是要說在法國料理裡不可缺少的是什麼，那就非醬汁莫屬了。醬汁對法國料理到底有多重要呢？若是沒有醬汁，就談不上是法國料理了！如此可見，它在法國料理裡舉足輕重的地位。醬汁是用湯汁、麵糊、奶油、油為原料來做成的，種類多達數十種。在此，為您介紹其中最具代表性的幾種基本醬汁，貝阿奈滋醬汁、荷蘭醬汁、美乃滋醬的作法。

## SAUCE BÉARNAISE
## 貝阿奈滋醬汁

*Les ingrédients*

〈約300g〉

| | |
|---|---|
| 紅蔥頭　1個 | 白酒醋　70cc |
| 龍蒿 (estragon)　1/2束 | 蛋黃　4個 |
| 香葉芹　1/2束 | 水　4大匙 |
| 碎白胡椒粒 (poivre blanc mignonette)　1小撮 | 澄清奶油　200g |
| 白酒　70cc | 鹽、胡椒　各適量 |

**1** 將紅蔥頭、龍蒿、香葉芹切碎。

**2** 用托盤或鍋子等器具將白胡椒粒壓碎。

**3** 將**1**和**2**放進鍋內加熱，加入白酒和白酒醋，熬煮到燒乾。

**4** 熬好後，讓它冷卻一下。

**5** 將蛋黃和水放進攪拌盆內混合。

**6** 將**4**放進**5**的容器內，隔水加熱。

**7** 用攪拌器像寫數字「8」似地混合。

**8** 打發到蛋黃變白，變稠，從上面掉落後，還會在木杓留下痕跡的程度。

**9** 將澄清奶油像絲帶般地注入進去，使它逐漸乳化。

**10** 等到變成像照片中的狀態時，就加鹽、胡椒調味。

**11** 過濾後，可以使醬汁變得更加地滑順。

## SAUCE HOLLANDAISE
### 荷蘭醬汁

*Les ingrédients*

〈約300 g〉
蛋黃　4個
水　4大匙
澄清奶油　200 g
黃檸檬汁　1/2個的份量
鹽、胡椒　各適量

**1** 將蛋黃和水放進攪拌盆內混合。

**2** 隔水加熱，並用攪拌器像寫數字「8」似地打發。

**3** 打發到蛋黃變白，變稠，從上面掉落後，還會在木杓留下痕跡的程度。

**4** 將澄清奶油像絲帶般地注入進去，使它逐漸乳化。

**5** 加鹽、胡椒調味。

**6** 最後，加入黃檸檬汁。

**7** 過濾後，可以使醬汁變得更加地滑順。

## SAUCE MAYONNAISE
### 美乃滋醬

*Les ingrédients*

〈約300 g〉
蛋黃　1個
芥末　1大匙
沙拉油　250 cc
醋　1/2大匙
鹽、胡椒　各適量

**1** 將蛋黃、芥末放進容器中，加鹽、胡椒，充分混合，要讓鹽和胡椒粒能夠完全溶解。

**2** 將沙拉油像絲帶般地注入進去，使它逐漸乳化。同時，一定要用另一隻手不斷地攪拌。

**3** 加鹽、胡椒重新調味，最後，再加醋進去。

# PRÉPARATION DES POISSONS
## 魚類的處理方式

最重要的一點，就是要購買新鮮的魚類。雖然，魚的料理方式會依用途的不同而有所改變，不過，基本的處理方式卻是相同的。在此，我們就來學習幾種法國料理常會用到之魚的基本處理方式吧！因為手的熱度會使魚的鮮度降低，所以，迅速的處理方式，也可以說是做出美味魚料理的一大訣竅呢！

## LEVER LES FILETS DE DAURADE
## 取鯛魚菲力的方式

**1** 取出內臟後，用冷水沖一下，再瀝乾。去掉魚鱗，用剪刀剪去魚的背鰭。

**2** 將胸鰭和腹鰭等也剪掉。

**3** 用切魚刀從背側切入，沿著魚骨向下切。

**4** 用刀尖緊貼著魚骨剖到中央魚骨的地方，使魚肉不再貼著魚骨。

**5** 用刀從魚頭和魚身之間的地方切入。

**6** 再沿著魚骨切斷。

**7** 將魚的半邊整個從魚身切開。

**8** 翻面，用同樣的方式，將另一邊的魚肉也切開。

**9** 切下魚肉後，用拔刺器仔細地剔除魚刺。

**10** 這樣一來，整條魚就被分解成三個部份了。料理時，也會因用途的不同而需除掉魚皮。切除魚皮時，請用一隻手抓緊魚皮，再將刀滑進魚皮和魚身之間。

## LEVER LES FILETS DE SOLE
## 取鰯魚菲力的方式

**1** 取出內臟後，用冷水沖一下，再瀝乾。用剪刀剪去周圍的魚鰭。

**2** 在接近魚尾的魚皮表面劃一刀，用一手緊壓住魚尾，另一手往魚頭的方向剝開魚皮。然後翻面，重覆同樣的步驟。

**3** 用刀切入魚身的中央和靠近邊緣處。

**4** 用刀從中央的切口沿著魚骨切過去。刀尖要一直緊貼著魚骨。

**5** 切開魚肉。

**6** 換方向（將鰯魚的頭朝著自己），用刀切入。

**7** 比照步驟**4**，沿著魚骨切過去。

**8** 切開魚肉。

**9** 翻面，用同樣的方式，將另一邊的魚肉也切開。

**10** 這樣一來，整條魚就被分解成五個部份了。

## CHÂTRER ET TROUSSER LES ÉCREVISSES
## 小螯蝦的處理法

**1** 用手指掐住分開成5片尾巴的中央部分（刀尖所指的部分）。

**2** 邊扭邊拉。這樣做，就可以將背上的沙腸拉出來了。

**3** 用剪刀剪掉蝦腳。

**4** 將螯插進小龍蝦身體靠近尾巴的部分。

**5** 大功告成。

## LEVER LES FILETS DE SAUMON
## 取鮭魚菲力的方式

**1** 取出內臟後，用冷水沖一下，再瀝乾。去掉魚鱗，用剪刀剪去魚鰭。

**2** 用切魚刀從背側切入。

**3** 用刀從魚頭和魚身之間的地方切入。

**4** 用刀沿魚骨切斷。

**5** 沿著魚骨往下，切過魚的半邊。

**6** 切開半邊的魚肉。

**7** 翻面，用同樣的方式，將另一邊的魚肉也切開。

**8** 比照步驟**5**，切過魚的半邊。

**9** 切開魚肉。

**10** 這樣一來，整條鮭魚就被分解成三個部份了。然後，再用拔刺器仔細地剔除魚刺。

## LEVER LES FILETS DE TRUITE
## 取鱒魚菲力的方式

**1** 取出內臟後，用冷水沖一下，再瀝乾。用切魚刀從背側切入。

**2** 用刀從魚頭和魚身之間的地方切入。

**3** 將刀沿著魚骨，慢慢地滑過去，切過魚的半邊，切下魚肉。

**4** 翻面，用同樣的方式，將另一邊的魚肉也切開。這樣一來，整條鱒魚就被分解成三個部份了。然後，再用拔刺器仔細地剔除魚刺。

**5** 料理時，會因用途的不同而需除掉魚皮。切除魚皮時，請用一隻手抓緊魚皮，再將刀滑進魚皮和魚身之間

# PRÉPARATION DE LA TRUITE DE MER (DESARETER PAR LE DOS)
## 海鱒的處理法（自魚背處去骨的方式）

**1** 用剪刀剪掉魚鰭。

**2** 用刀切入背鰭所在的地方，切過魚身。

**3** 翻起魚肉，將刀切入。

**4** 沿著中央的魚骨，將刀滑過去，切過魚肉。此時，請不要將魚肉從魚身切開。

**5** 翻面，比照步驟**3**，將刀切入。

**6** 翻起魚肉，用刀切過去。

**7** 比照步驟**4**，沿著中央的魚骨，切過魚肉。

**8** 當魚身可以向著兩側打開時，就用剪刀將魚骨從魚腹的連接地方開始仔細地剪開。

**9** 剪到頭部後，再剪開中央魚骨和頭部連接的部分。

**10** 將內臟和中央魚骨一起取出。

**11** 在尾鰭的地方有似硬骨的部分，也要用剪刀剪除。

**12** 用拔刺器仔細地剔除留在魚肉上的魚刺。

# PRÉPARATION DES VOLAILLES ET D'AGNEAU
## 家禽和小羊肋排的處理方式

直接購買市售已處理好的雞肉等肉類當然也是一種方法，不過，知道如何切開一整隻雞，就可以更了解使用素材的各部位或特徵了。只要依照正確的程序去處理，就會知道這並不需要任何較難的技術。藉此機會學習一下這些基本的處理方式吧！

## DÉCOUPAGE DE VOLAILLE
### 雞的切法

**1** 從阿基里斯腱的部分縱切進去。

**2** 用磨刀棒等東西穿過切口。

**3** 把筋拉出來。

**4** 用刀切入膝關節的部分，將有阿基里斯腱的膝下部分切除。

**5** 切除雞翅中間以下的部分。

**6** 從雞脖子的連接身體的部分切下去，切開雞皮。

**7** 切除雞皮。

**8** 切除雞脖子。

**9** 用刀切入鎖骨部分的V字骨裡。

**10** 拔除V字骨。

**11** 用刀切入雞腿的部分。

**12** 用刀切開來。

**13** 切下關節。將雞腿和連接身體部分的肉一起切下來。

**14** 另一邊的雞腿也用同樣的方式切下來。

**15** 沿著雞胸側面部位切入。

**16** 一點點地移動刀子切下去。

**17** 將雞胸肉從雞背骨分開。

**18** 用刀從雞胸肉的中間切入。

**19** 依照料理用途的不同,將各部位切成2等份。

**20** 切下的雞胸(上)和雞腿(下)。

# PRÉPARATION D'AGNEAU
## 小羊肋排的處理法

**1** 削掉一些表面的肥肉,將刀子沿著軟骨(平骨)切入。

**2** 邊掀開羊皮,邊沿著軟骨切過去。

**3** 切除軟骨。

**4** 切除多餘的肥肉。

**5** 切掉肋排末端周圍的筋和碎肉,清理乾淨。骨頭周圍若留有殘餘的碎肉,烤的時候就會燒焦,所以,請仔細地完成此一步驟。

# BRIDAGE DU CANARD
## 鴨的切法和綁法

**1** 將鴨翅從中間切除。

**2** 掀開鴨脖子的皮，用刀從連接鴨身的部分切入，切掉鴨脖子。

**3** 用刀切入鎖骨部分的V字骨裡。

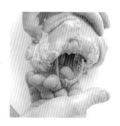

**4** 拔除V字骨。

**5** 從鴨尾的前端縱切進去。

**6** 將皮向左右翻開，將豆粒般的雜質取出。取出時，注意不要弄破了。

**7** 用大姆指將鴨尾的部分壓進身體內。

**8** 將鴨胸朝上，兩隻鴨腿朝向自己地放著，開始捆綁。首先，將針從鴨腿的右下穿入。

**9** 再從左側鴨翅連接身體部分骨頭和骨頭之間穿出。

**10** 將線繞到背面去，將鴨脖子的皮鴨背縫合在一起地穿針，然後，從另一側鴨翅連接身體的部分穿出來。

**11** 再次將線繞到背面去，從鴨翅連接身體的部分穿進去。

**12** 將針從對角線上的另一側鴨腿處穿出。

**13** 把針拿掉。

**14** 將分別從兩側鴨腿穿出的線打結。

**15** 這樣就算是綁好了。然後，將切下來的鴨翅、鴨脖子等都切成2等份。

# PRÉPARATION DES LÉGUMES
## 蔬菜的處理方式

雖説是蔬菜，至少也可以分成葉菜、根、莖、塊莖等許多種類，各有其不同的特徵。其中，朝鮮薊可以説是很有代表性的一種蔬菜，從預先的處理到料理的過程，都非常地與眾不同。雖然在日本還不太常見，不過，還是為您介紹一下它的基本處理方式。

## PRÉPARATION DES FONDS D'ARTICHAUTS
### 朝鮮薊的處理法

**1** 用手折斷莖的部分。若是用刀切，就會留下纖維，所以，一定要用手折。

**2** 切掉萼和周圍幾片較硬的葉片。

**3** 切掉頭部的2/3，只留下硬萼的部分。

**4** 切掉周圍的綠葉。將萼的部分的葉片也切掉。

**5** 稍微削圓。

**6** 將上面的部分也剝除。

**7** 立刻用檸檬摩擦表面。

**8** 將水、檸檬汁、少量的低筋麵粉放進攪拌盆中充分混合，再將**7**放進去，然後，連同湯汁整個移到鍋內。

**9** 在**8**裡蓋上烤盤紙，用中火慢慢加熱。等煮到用刀可以輕易地切入朝鮮薊後，就從爐火移開，整鍋放著讓它冷卻。

**10** 冷卻後，將朝鮮薊從鍋中取出，用湯匙刮除萼中間的纖毛。

# LES PÂTE
# 麵糰

麵糰有各式各樣的種類。一提到麵糰,可能會立刻讓人聯想到點心,不過,在此要為您介紹的,是幾種也可以在料理時派上用場的麵糰作法。藉由麵糰和各種不同素材的組合,就可以增添許多不同的變化,使菜單顯得更多彩多姿了。

## PÂTE À CRÊPES
## 可麗餅麵糊

### *Les ingrédients*

〈直徑24cm約8片的份量〉

低筋麵粉　125g

鹽　少許

蛋　3個

融化奶油　50g

牛奶　200cc

**1** 將低筋麵粉篩入容器中,加入鹽、蛋。

**2** 用攪拌器先將蛋攪開,然後和粉類混合。

**3** 加入融化奶油混合。

**4** 充分混合均勻。

**5** 加入1/2量的牛奶。

**6** 整個混合均勻。

**7** 將剩餘的牛奶約分成2次加入混合。

**8** 整個攪拌混合到變成滑順的狀態。

**9** 用濾網過濾後,放置1個小時。

# PÂTE FEUILLETÉE
## 折疊麵糰

*Les ingrédients*

〈約500g〉

低筋麵粉　125g

高筋麵粉　125g

鹽　5g

融化奶油　25g

水　125cc

奶油　150g

**1** 混合低筋麵粉和高筋麵粉，篩入攪拌盆內，再加入鹽。

**2** 在中央挖一個凹洞，將融化奶油、水（留一點下來，以視情況來作調節）加進去。

**3** 自凹洞旁邊開始將周圍的粉混合，再輕輕混合所有的粉。

**4** 混合時，視麵糊的情況而定，若有需要，就將剩餘的水加進去。

**5** 在攪拌盆中逐漸混合成團。

**6** 作成球狀後，用刀深切兩刀，成十字。再用保鮮膜包起來，放進冰箱至少冷藏40分鐘。若能夠冷藏4小時更好。

**7** 用擀麵棒敲打奶油到變成7~8mm厚的方塊，再用保鮮膜包起來，放進冰箱冷藏。

**8** 將**6**的麵糰放在灑了手粉（未列入材料表）的大理石台上，用手掌像要把山壓平般地將麵糰壓攤開來。

**9** 用擀麵棒從中心向四邊擀開。為了使厚度均勻，請在中間留下一小團。

**10** 將**7**的奶油放在麵皮的中央，用攤開在四邊的麵皮包起來，四個角要確實封好。

**11** 撒上手粉（未列入材料表），用擀麵棒輕敲麵皮，使整個麵皮厚度均勻。

**12** 將麵糰擀長並不時地將手伸到麵皮底下，以確定沒有黏在大理石台上。

**13** 作記號將麵皮分成四等份後，從兩端往中央對折。

**14** 稍微拉開一點後，再將兩邊疊在一起（變成4層）。用保鮮膜包起來，放進冰箱冷藏15分鐘。

**15** 然後，放在鋪了手粉（未列入材料表）的大理石台上，轉個方向，和**14**時相差90度，用擀麵棒稍微輕敲，並將麵糰擀長。

**16** 撒上手粉，折成三折。先用擀麵棒輕敲，再用保鮮膜包起來，放進冰箱冷藏15分鐘。

**17** 轉個方向，和**16**時相差90度，用擀麵棒稍微輕敲，並將麵糰擀長，再重覆和**13**、**14**相同的步驟。

**18** 重覆和**15**、**16**相同折成三折的步驟後，再放進冰箱冷藏1個小時。

# PÂTE À BRIOCHES
## 皮力歐許麵糰

*Les ingrédients*

〈約1kg〉　　　　　蛋　5個
高筋麵粉　500g　　奶油　250g
鹽　10g
砂糖　60g
活酵母菌　18g
牛奶　3大匙

**1** 將高筋麵粉過篩到大理石台上，中央挖一個凹洞，有如泉狀，中央的液體才不會流出。

**2** 將鹽、砂糖、活酵母菌放進凹洞內。

**3** 加入牛奶後，用手混合，再加入蛋，同樣地用手攪開混合。

**4** 將凹洞內的液體混合均勻。

**5** 將周圍的粉一點點地混合到液體裡。

**6** 用手逐漸混合。

**7** 將圍在四周的粉牆弄塌，一點點地混合到中央。

**8** 將粉全部混合，並揉進麵糰裡。

**9** 集中混合四散開來的粉，將麵糰揉到表面變得光滑，可以輕易地從台上拿開為止。

**10** 撒上一點手粉（未列入材料表），用手腕的力量將麵糰甩到台上，利用麵糰的重量來揉麵糰，如此地不斷地重複動作。

**11** 等到麵糰整個變得光滑，像耳垂般地柔軟時，就將它攤平，放上奶油，然後用手掌壓，將它壓進去。

**12** 將周圍的麵皮翻到中間，包住奶油。

**13** 和**10**相同，撒上一點手粉，用手腕的力量將麵糰甩到台上，利用麵團糰的重量來揉麵糰。

**14** 等到變得光滑，像耳垂般地柔軟時，就揉成球形。

**15** 放進攪拌盆中，蓋上保鮮膜，放置在溫度可以維持在30℃的地方。

**16** 讓**15**的麵糰靜置30~40分鐘，使它膨脹成2倍大。

**17** 像要弄破麵糰般地用手去捏，讓內部的氣體跑出來。

**18** 從攪拌盆中取出，輕輕地揉到變得光滑後，整理成團。再用保鮮膜包起來，放進冰箱冷藏2個小時。

# LES FONDS
# 高湯

在此要為您介紹的高湯有雞高湯、小牛高湯、魚高湯3種。其中，雞高湯是所有的高湯中最簡便，也最容易做的。製作高湯的秘訣，就在於撈掉浮沫的這道功夫上，只有確實做到，才能得到清澈的高湯，由此可見，事前徹底清除雞骨上的碎肉是何等地重要。小牛高湯是用帶有膠質的關節骨熬成的，若不需要做太多時，只要用水來稀釋沾粘在烤過肉骨、蔬菜的烤盤上的烤汁，就可以做成所需的高湯了。魚高湯顧名思意，就是用魚骨做成的高湯。因為在製作的過程中，特別容易產生浮沫，所以事前一定要仔細地清除魚骨上的碎肉。另外，附著在骨頭上的肉若是散了，就很容易使湯變得混濁，所以，請記得不要煮沸。

## FOND DE VOLAILLE
## 雞高湯

### Les ingrédients

〈1公升的份量〉　　調味用辛香蔬菜：
雞骨　1kg　　　　紅蘿蔔　100g
水　2公升　　　　洋蔥　50g
　　　　　　　　韭蔥　中1枝
　　　　　　　　芹菜　1枝
　　　　　　　　大蒜　2瓣
　　　　　　　　調味辛香草束
　　　　　　　　(bouquet garni)　1束
　　　　　　　　丁香　1個

**1** 雞高湯的材料。雞骨徹底清乾淨備用。

**2** 將雞骨放進較大的容器中，用水流沖洗6小時以上來去血。

**3** 在大鍋內放入可以淹沒**2**的雞骨高度的水，慢慢地加熱到沸騰。等到開始出現浮沫，沸騰了，就把湯倒掉，用水洗一下。

**4** 把雞骨放回鍋內，加入調味用辛香蔬菜，注入2公升的水（約可淹沒材料的高度），再次加熱到沸騰。

**5** 沸騰後，立即撈掉浮沫，改用小火煮約1個小時。

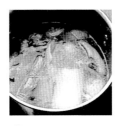

**6** 這就是慢慢地熬煮的狀態。

**7** 用**2**個過濾器中間夾著溼布，來過濾**6**煮好的高湯。若沒有2個過濾器，只用1個當然也可以，不過，將2個重疊在一起夾著布，布就不會滑掉，過濾起來會比較方便。

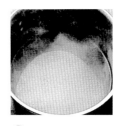

**8** 這就是做好的高湯。若是想保存久一點，可在煮好後冰成冰塊，或做成凍，再冰凍保存。

# FOND DE VEAU
## 小牛高湯

*Les ingrédients*

〈1公升的份量〉
小牛帶膠質關節骨
（切成適度的大小。
若是買不到，也可用
切除掉肥肉的筋肉來
代替）　1 kg

水　5公升
紅蘿蔔　100 g
洋蔥　100 g
韭蔥　1枝
芹菜　2片
大蒜　2瓣
調味辛香草束
**(bouquet garni)**　1束
蕃茄　3個
濃縮蕃茄醬　2大匙

**1** 將蔬菜全部切成
調味用辛香蔬菜→
**page** *45*。

**2** 將小牛骨排列在
烤盤上，用烤箱以
220℃烤到變成褐色
的程度。

**3** 烤到變成褐色後，
將除了蕃茄以外的蔬
菜、大蒜、調味辛香
草束排列在**2**的小牛骨
上，用烤箱烤約15分
鐘，到也變成褐色。

**4** 將 **3** 移到大鍋
內，加入蕃茄、濃
縮蕃茄醬一起炒，
注入可以淹沒材料
高度的水，慢慢地
加熱到沸騰。

**5** 沸騰後，就撈掉
浮沫，調成小火，
邊撈掉浮沫，邊煮
約3小時。

**6** 煮到水分剩下一
半時，再加水進去，
繼續煮 1~2小時，
就會更有味道了。

**7** 這就是煮出味道，
已煮好了的狀態。

**8** 將 **7** 倒入濾網
過濾。

**9** 擠壓殘留在濾網
上的食材，不要忽
視許多殘留在濾網
裡的美味。

**10** 完成後的小牛
高湯。

**11** 若想長期保
存，就要再熬煮到
變成像這樣的褐色
漿狀。

**12** 放進冰箱冷藏
後，就會變成像肉
凍般的狀態。然
後，再用零下10℃
冷凍保存。

# FUMET DE POISSON
## 魚高湯

*Les ingrédients*

〈1 公升的份量〉
魚骨 (鯛魚、鰈魚、
鯛魚等)　1kg
白酒　100~250cc
調味辛香草束
**(bouquet garni)**　1束
奶油　60g
水　1.5公升

調味用辛香蔬菜：
洋蔥　60g
芹菜　1枝
韭蔥 (蔥青的部分)　1枝
紅蔥頭　50g
蘑菇　50g

**1** 魚骨用水沖泡6小時以上去血。或是浸在水中，放進冰箱內也可以。

**2** 調味用辛香蔬菜切成薄片，用奶油炒到變軟，但注意不要炒焦了。

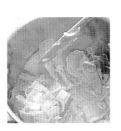

**3** 將**1**的魚骨加進**2**裡，炒到水分約被蒸發掉一半為止。

**4** 將白酒倒入**3**裡，加熱到沸騰，以蒸發酒精和去除白酒的酸味。

**5** 將1.5公升的水倒入**4**裡 (約可淹沒材料的高度)，加入調味辛香草束，加熱到沸騰。

**6** 仔細地撈掉浮沫，將火調到加熱時，湯的表面會震動，魚肉就算散掉了，湯也不會變濁般的小火，約煮20分鐘。若是煮超過了20分鐘，魚骨的味道就會跑出來，要特別注意。

**7** 讓雜質沉澱下去。

**8** 用湯杓從上面開始小心地舀**7**的湯汁，倒進2個重疊一起，中間夾著溼布 (或廚房用紙巾) 的濾網內過濾。過濾的時候絕對不要擠壓，要讓它自然地流下去。

**9** 完成後的高湯，透明而不混濁。

料理器具並不是數量多一點，種類齊全就可以了。建議您視料理時的所需，或衡量自己的程度，再一樣樣地購入為佳。因為一般家庭能夠存放器具的空間有限，所以，在選購器具，尤其是鍋類時，最好多考慮到平時做菜的內容或份量，以及鍋子的使用頻率等要素。

此外，使用過的器具，要記得常清洗，保持乾淨。不僅是因為藏污納垢，或殘留水分很不衛生，更因為這也是損害器具的原因之一。請選購品質良好的器具，勤於清理，小心使用。

**1**

*Crêpière*
可麗餅專用平底鍋。煎可麗餅時用的淺型平底鍋。

**2**

*Ecumoire*
有孔的長柄杓。在圓而平的前端部分有小孔。用來從液體內撈取固體的東西，或撈掉浮沫。

**3**

*Louche*
長柄杓。前端呈半圓形，用來舀，或倒液體。

**4**

*Chinois étamine*
圓錐形過濾器，是用細網作成的。在製作更柔滑的醬汁時使用。

**5**

*Chinois*
圓錐形過濾器，開有小孔。用來過濾醬汁等湯汁。

**6**

*Bassine*
攪拌盆。底部呈半圓形，混合材料時使用。請依照用途，選擇適當的大小來用。

**7**

*Sautoir*
淺型的單柄鍋。側面和底呈垂直角度，不太深的鍋子，用來煎，或燉食材時使用。請依照份量的多寡，選擇適當的大小來用。

**8**

*Casserole*

深型的單柄鍋。側面和底呈垂直角度，較深的鍋子，用來烤食材，以及接著加湯汁進去繼續熬煮時使用。也可以用來預先煮蔬菜時使用。

**9**

*Grille plate étamée*

用來放烤好的肉或魚，以及將料理過的食材放在上面，用來瀝掉多餘的油脂或水分的金屬網架。

**10**

*Plaque à débarrasser*

托盤。用來放預先處理過的食材，調味，醃漬，或放料理好的食材等等，用途非常廣泛。有大、中、小等各種大小。

**11**

*Fusil de cuisine*

磨刀棒。約30 *cm*長的圓鋼棒，用來研磨料理刀。

**12**

*Couteau-scie*

麵包刀。刀刃呈鋸齒狀，用來切容易變形，散掉，或像魚凍派般的東西。

**13**

*Couteau de cuisine*

料理刀。刀刃長約25 *cm*的硬質菜刀，用途非常地廣泛。

**14**

*Palette flexible*

不銹鋼材質，為一種柔軟度高的長形抹刀。用來將呈乳狀的餡等東西塗抹在肉或魚上等時候使用。

**15**

*Couteau de filet de sole*

切魚刀。分解魚肉時所使用的專用刀。刀刃薄，柔軟度高。

**16**

*Couteau à désosser*

去骨刀。將骨頭從肉上除去時所使用的硬質菜刀，刀尖的部分相當銳利。

**17**

*Ciseau à poisson*

剪魚專用剪刀。用來剪魚鰭、尾、骨等部分。前端部分呈彎曲狀，是一大特徵。

**18**

*Pinceau*

毛刷。塗抹蛋液或油時所使用的器具。

**19**

*Corne*

刮板。在台上製作麵糰，或刮除殘留在鍋內或攪拌盆內的材料時所使用的工具。

**20**

*Fourchette à rôti*

烤肉專用叉。細長而呈U字形，拿取烤肉時所使用的工具。

**21**

*Couteau d'office*

料理用小刀。刀刃部分較短，用於將蔬菜削圓等細部的作業上，非常便利。

**22**

*Canneleur*

挖溝槽專用刀。V字形的刀刃附在前端圓形的部分上，在檸檬或柳橙皮上挖溝時所使用的工具。

**23**

*Econome*

削皮器。削蔬菜或水果皮時所使用的工具。

**24**

*Poche*

擠花袋。將做好的麵糊或餡裝進去後，再擠壓出來時所使用的器具。

**25**

*Aiguille à brider*

紮針。穿棉線後，綁雞或鴨的翅膀或腿，讓它固定住時所使用的工具。

**26**

*Mandoline*

蔬菜切割器。附有2種可調節厚度的刀刃，一端是平的刀刃，另一端則是波狀刀刃。

**27**

*Spatules en bois*

木杓。混合攪拌盆或鍋內的材料時所使用的工具。因為味道很容易附著在上面，所以，使用後要常清洗，保持乾燥。

**28**

*Fouet*

攪拌器。混合材料，或打發蛋白、鮮奶油時所使用的工具。

**29**

*Raclette en caoutchouc*

橡皮刮刀。混合材料，刮取還殘留在攪拌盆或鍋內的材料來用時所使用的工具。

**30**

*Moulin à légumes*

蔬菜研磨器。將料理過的蔬菜過篩後，作成糊狀時所使用的工具。

**31**

*Verre à mesure*

量杯。用來計量水或高湯等液體。

**32**

*Tamis*

香料草等過篩，或粉類過篩時所使用的工具。

**33**

*Batte*

搥肉器。用來將肉或魚搥平的工具。

**34**

*Dénoyauteur*

橄欖或櫻桃的去籽用工具。

**35**

*Ecailleur*

刮鱗器。刮除魚鱗時所使用的工具。

**36**

*Cuillere parisienne*

蔬果挖球器。將蔬菜或水果挖成球形時所使用的工具。

**37**

*Pince à arête*

拔刺器。將魚刺拔除時所使用的工具。

# VOCABULAIRE
## 法國料理用語解説

### A

*aromatiser* 為食材添加香味之意。

*arroser* 在料理的過程中，澆上烤汁或油汁之意。

*assaisonner* 用鹽、胡椒來調味之意。

### B

*braiser* 將少量的液體加入密閉的鍋內，用小火慢煮的料理法。

*brider* 用棉線縫綁雞或鴨等的翅膀或腿以固定住，才不會在料理的過程中變形之意。

### C

*caraméliser* 熬煮砂糖等，煮成焦糖狀之意。或是用奶油和少量的砂糖來料理食材，將它染成焦糖的顏色之意。

*châtrer* 剔除小螯蝦的沙腸之意。

*ciseler* 將蔬菜切細，或將羅勒、萵苣切絲之意。或是在魚皮上劃上淺淺的斜切口之意。

*concasser* 切碎、切丁之意。

*crémer* 加入鮮奶油之意。或是將奶油等作成乳狀之意。

### D

*decanter* 將煮熟的肉從湯汁中取出，放到其他的地方之意。留下的湯汁繼續熬煮過後，作成醬汁，再將肉放回去。

*decortiquer* 將甲殼類(蝦或小螯蝦等)的食材去殼之意。

*deglacer* 將少量的液體(水、葡萄酒、高湯等)加入料理時使用過的平底鍋或鍋內，以溶解稀釋沾粘在鍋底的精華或烤汁之意。

*degraisser* 去除肉上多餘的肥肉之意。或撈掉浮在高湯、湯汁等表面上的油脂之意。

*desosser* 去除附在肉或魚上的骨頭之意。

### E

*ébarber* 去除多餘的部分之意。去除牡蠣、貽貝的貝唇，或魚鰭等之意。

*écailler* 刮除魚鱗之意。

*écumer* 撈掉料理的過程中，浮出高湯或醬汁表面的浮沫或雜質之意。

*émincer* 將蔬菜切成薄片之意。

*émonder* 利用熱水剝皮之意。用熱水燙過後，再放進冷水過涼，然後，剝掉薄皮。剝除蕃茄或杏仁皮等時候所使用的方法。

*étuver* 將少量的油脂加入蔬菜或肉裡，蓋上鍋蓋燜煮之意。利用素材本身所含的水分來料理。

### F

*flamber* 在料理的過程中，或快要完成時，灑上葡萄酒或白蘭地，點火以蒸發酒精，增添香氣和風味。

### G

*glacer* 用水、奶油、砂糖、鹽來料理紅蘿蔔、蕪菁、小洋蔥等，煮出光澤來之意。

*gratiner* 將表面焗烤成漂亮的黃褐色之意。

*griller* 用火直接烘烤，或在網架上燒烤之意。

### L

*lier* 在調味汁或湯快要作好時，加入奶油或蛋黃、鮮奶油等，以增加濃度。使湯汁變得濃稠之意。

### M

*mariner* 沾上香料或調味料，以使肉、魚等變軟，或增添香味之意。

### P

*paner* 在素材上沾上粉類等來作為炸皮之意。

*passer* 過濾醬汁或高湯之意。

*pocher* 在即將沸騰的液體內燙煮之意。

*poêler* 將奶油或油放進平底鍋內，用來炒或煎食材之意。

### R

*réduire* 熬煮湯汁或高湯之意。

*rôtir* 烤肉。用烤箱來烤肉、家禽類等肉類時，不斷地澆上油汁來烤之意。

### S

*saisir* 在料理的過程中，為了防止肉汁流失，而將肉類等的表面用大火快速烤硬之意。

*sauter* 將切好的肉、蔬菜用油以高溫快炒之意。

*singer* 在煎或炒好素材後，篩入麵粉的動作，為使湯汁變濃稠。

*suer* 將蔬菜慢慢地炒到變軟，而且不要讓它炒焦之意。

### T

*tamiser* 粉類過篩。或過濾食材之意。

*tourner* 將馬鈴薯或紅蘿蔔削圓之意。或將蘑菇表面刻花之意。

*trousser* 將小螯蝦等的螯插到靠近尾巴的身體部分上，作出形狀來之意。

法國藍帶廚藝學院東京分校
1895年，自法國藍帶廚藝學院這所法國料理專業學校創立於巴黎以來，歷經傲人的100年歷史，使其聞名於世。它培育過來自世界各地超過50個國家的學生，而畢業生當中，成為職業級料理專家、名廚的人更是枚不勝數。來自日本的留學生不計其數，結業證書甚至已成了社會地位的象徵。位於代官山的東京分校，承繼了巴黎本校如此的淵源，於1991年開校，並開設和本校相同的課程。東京分校有著來自於巴黎本校，由法國專業的料理大師所組成的教師陣容，儼然成了公認的法國料理文化重鎮。現在，分別在巴黎、倫敦、紐約、東京、雪梨、阿德雷德都設有分校。

**法國藍帶廚藝學院巴黎本校**

本書承蒙本校糕點部門師傅和工作人員的熱情幫助，以及所有相關人員的大力支持，Le Cordon Bleu 在此表示衷心的感謝。

攝影日置武晴
設計中安章子
翻譯千加麻里子
技術助理 千加麻里子 辻内理英
書籍設計者山嘉代子 平方泉 L'espace

**國家圖書館出版品預行編目資料**

法國料理基礎篇 II

法國藍帶東京分校 著；--初版.--臺北市

大境文化，2002[民91] 面； 公分.

（法國藍帶系列；）

ISBN 957-0410-20-5

1. 食譜 - 法國

427.12　　　　91000199

法國藍帶 東京學校
〒150 東京都涉谷區猿樂町28-13
ROOB-1　　TEL 03-5489-0141
**LE CORDON BLEU**
●8,rue Léon Delhomme 75015 Paris,France
●114 Marylebone Lane W1M 6HH London,England
http://www.cordonbleu.net
e-mail:info@cordonbleu.net

器具、布贊助廠商 **PIERRE DEUX FRENCH COUNTRY**
404 Airport Executive Park Nanuet, N.Y. 10954 U.S.A
TEL (914)426-7400　 FAX (914)426-0104

日本詢問處 **PIERRE DEUX**
〒150 東京都涉谷區惠比壽西1-17-2
TEL 03-3476-0802　 FAX 03-5456-9066

系列名稱 / 法國藍帶

書　名 / **法國料理基礎篇 II**

作　者 / 法國藍帶廚藝學院

出版者 / 大境文化事業有限公司

發行人 / 趙天德

總編輯 / 車東蔚

文　編 / 陳小君

美　編 / 車睿哲

翻　譯 / 呂怡佳　審　定 / 洪哲煒

地址 / 台北市雨聲街77號1樓

TEL / (02)2838-7996

FAX / (02)2836-0028

初版日期 / 2002年3月

定　價 / 新台幣340元

ISBN / 957-0410-20-5

書　號 / 05

讀者專線 / (02)2836-0069

www.ecook.com.tw

E-mail / tkpbhing@ms27.hinet.net

劃撥帳號 / 19260956大境文化事業有限公司